国外节水实践

全国节约用水办公室
水利部国际经济技术合作交流中心 编著

黄河水利出版社
·郑州·

内 容 提 要

本书阐述了以色列、日本、新加坡、澳大利亚和美国等 5 个国家与水资源节约相关的政策法规、组织机构、节水发展的背景和历程,介绍了主要的节水措施及实践,并附录了一些重要的节水法规、规划及标准中译文。各国节水实践可为我国实施国家节水行动和建设节水型社会提供有益经验借鉴。

本书可供从事水资源管理与节水工作的管理人员、技术人员参考。

图书在版编目(CIP)数据

国外节水实践/全国节约用水办公室,水利部国际
经济技术合作交流中心编著. —郑州:黄河水利出版社,
2022.8
ISBN 978-7-5509-3365-1

Ⅰ.①国… Ⅱ.①全 ②水… Ⅲ.①节约用水-研
究-国外 Ⅳ.①TU991.64

中国版本图书馆 CIP 数据核字(2022)第 159596 号

出 版 社:黄河水利出版社
　　地址:河南省郑州市顺河路黄委会综合楼 14 层　　　邮政编码:450003
发行单位:黄河水利出版社
　　发行部电话:0371-66026940、66020550、66028024、66022620(传真)
　　E-mail:hhslcbs@ 126.com
承印单位:河南瑞之光印刷股份有限公司
开本:787 mm×1 092 mm　1/16
印张:22.5
字数:392 千字　　　　　　　　　　　　印数:1—1 000
版次:2022 年 8 月第 1 版　　　　　　　印次:2022 年 8 月第 1 次印刷

定价:78.00 元

《国外节水实践》
编 辑 委 员 会

目　录

引　言

　　为贯彻落实习近平总书记"节水优先、空间均衡、系统治理、两手发力"的治水思路,自 2019 年起,在全国节约用水办公室的指导下,水利部国际经济技术合作交流中心开展了国外节水政策、制度与实践调研,以期为我国节水工作提供经验借鉴。以色列、日本、新加坡、澳大利亚和美国等发达国家被确定为第一批重点研究的典型国家。这些国家人均国内生产总值(GDP)均超过 4 万美元,其中新加坡和美国超过 6 万美元,远超我国人均水平。这些国家的农业和传统工业占比也相对较小,服务业占较大比重。

　　同时,这些国家节水方法各有特色,节水的动因源于各自的实际问题,大部分是因为水资源的自然禀赋不佳,与经济社会发展的需求存在较大差距,因此,持续研究新技术,不断探索经济、法律等各种调整人类社会行为的手段,节水取得明显效果。可以说,节水起于迫不得已。

　　随着研究的深入,我们发现,一个国家高效利用水资源的水平,不仅仅代表这个国家用水技术水平的高低,还体现

出这个国家怎样从整体上保障国家水安全,怎样居安思危。

以色列

以色列的节水已远远超出节约本国水资源的初始需求,节水及相关技术研发成为其通往全球市场的重要路径,也是其占领世界水技术领域制高点的重要战略。从这个意义上说,保持节水技术的世界领先地位已经是该国一项着眼于世界的国家战略。

以色列地处干旱半干旱地区,是世界上最为缺水的国家之一,一直将水视为生存和发展的核心要素。自1948年建国以来,以色列修建了完善的国家调水工程和输水管网,建立了严格的水管理法规,通过政府机构改革,实行严密的水资源统一监管,设立专门的水事纠纷处理机构,持续开展全民节水,取得了举世瞩目的水资源高效利用成就。以色列超过80%的灌溉面积采用高效滴灌技术,污水处理再生利用率达到90%以上。农田灌溉面积增长了近7倍,但农业用水量基本保持不变,以色列成为全球水资源利用最为高效的国家之一。

通过节水和发展再生水利用、海(咸)水淡化,以色列已从根本上解决了沙漠地区的供水瓶颈。以色列不但实现了水资源的自给自足,还将用水总量的6%出口至其他国家,其高效节水农产品、节水灌溉等技术及装备在区域乃至全球都有很高的市场占有率。水产业已经成为以色列的支柱产业之一,遍及世界各地。

日本

日本的水资源精细化管理是最值得学习借鉴的方面,尤其体现在工业高效用水、超低城市管网渗漏率以及精细化的水价体系等方面。

日本国土狭长,年均降水量在 1 700 mm 左右,但短急河流调蓄难度大,水资源总体贫瘠。无论是日本政府还是普通百姓,都把水作为一种稀缺的自然资源,不放过任何节约的机会,"做尽所有能做的文章"。日本通过调节管网压力和改进渗漏探测技术,严控漏损,加以多管道类型和多阶梯的水价管理机制等精细化经济手段,成为世界上供水管网漏损率及用水浪费最低的国家之一,一些城市管网漏损率低至 5%以下。

日本的精细化管理也体现在水循环全过程管理理念的推进和落实。政府通过立法保障了水循环管理的法律地位,还通过制定和落实年度计划,将水循环管理落实到日常工作中。日本各地雨水收集利用设施随处可见。在东京,雨水利用已经融入市民的日常生活。

新加坡

新加坡作为城市型国家,以工业和服务业为主,农业体量基本可以忽略不计。新加坡的节水不但从水上着手,还很好地兼顾了经济发展,抓节约、调结构双管齐下是新加坡最鲜明的节水特色。

新加坡虽然降水量丰富,但集雨面积狭小,人均水资源占有量位居世界倒数第二,曾经高度依赖马来西亚的"进口水"。能够在水资源极为不利的条件下保持经济社会发展,最重要的原因之一是推动形成了金融、通信、贸易等少耗水、不耗水的高附加值产业结构,并提供了安全的供水保障。

新加坡将水战略确定为国家战略,开源与节流并举,努力将水安全掌握在自己手中。通过持续的供水税费制度改

革和强制性水效标识等经济手段以及公众教育,推进全社会节水。通过再生水、海水淡化和雨水收集进行"开源",目前再生水和淡化海水占总供水量的70%以上。

新加坡在水资源节约中表现卓越,也体现在节水与水处理技术研发创新上。新加坡新近开发使用的深隧道污水收集处理和仿生反渗透膜等低碳创新技术,引领着世界节水与水处理技术发展实践潮流,加之持续开拓"新加坡水周"等国际交流平台,筑牢了其全球水务技术优势。

澳大利亚

澳大利亚70%的国土属于干旱半干旱地区。澳大利亚节水需统筹兼顾多个方面,不仅要解决经济社会发展和人口增长带来的水短缺问题,同时要保障流域基本的生态用水需求,还要应对气候变化带来的危机。

为应对特大干旱,澳大利亚采取了独具特色的干旱管理措施,包括干旱管理协议、干旱风险管理、强制限水令和用水需求管理计划等。在日常节水中,通过鼓励雨水利用、执行水效标识、推行节水产品及合同节水等,实现了用水总量控制和用水效率提高。

最值得一提的是澳大利亚的水权交易,其年度水权交易量高达80亿 m³。水权交易实现了水资源的二次分配和高效利用,在促进节水和保护生态中发挥了积极作用。最突出的是墨累-达令河流域,作为世界上水资源开发利用程度最高的流域之一,通过制定流域取水上限政策,实施节水和发展水权交易,保障了河流环境流量,扭转了流域生态环境恶化。

美国

美国幅员辽阔,水资源总量较为充沛,人均水资源量远高于中国。美国西部地区水资源总体比较紧张,东部地区局部时空分布不均,也存在一定的供水压力。上个世纪的二、三十年代至八十年代,美国建设了很多调水工程,解决缺水地区经济社会发展的用水问题。1980 年,美国取水总量达到峰值(约 6000 亿 m^3/a),此后开始逐渐下降。由于环境保护等方面压力,美国从调水工程建设转向节水优先的思路。至 2015 年,虽然人口增加了约 41%,但美国全国取用水总量却减少了约 27%。

美国广袤的地域和东西迥异的水土条件,使其节约用水体现了某种规模效应及复杂性。美国耕地面积约为中国的 1.2 倍,是全球第二大粮食生产国、最大农产品出口国,节水灌溉面积占其总灌溉面积的 63%,大规模集约化生产使农业用水的高效成为可能。美国西部大用水户拥有更高的用水效率,东部节水减排的成本效益成为更大驱动力。另外,美国产业结构的调整,尤其是一般制造业外移以及高科技产业发展,在降低取用水总量中也发挥了一定的潜在作用。

美国普遍认为节水是一种社会行为,很大程度取决于个人或单位的用水行为。政府主要起指导、教育、宣传、激励和监管作用,辅以资金、设备和设施保障,提高公民和单位的节水意识和实践能力,约束浪费水的行为。除非紧急情况或特别干旱的地区,美国政府一般不会对公众用水采取非常严格的限制性措施。相较联邦政府,美国各州政府在节水监管中拥有更多自主权。

综览上面各国节水发展历程,几乎所有国家在对待缺水问题的对策方面都走了相同的路。首先是找水源,然后把建设水利工程作为解决水源问题的首选。当工程潜力挖掘出

来后,从用水过程中挖掘潜力的措施——节水,摆到了议事日程。

尽管各国节水目标和节水措施不尽相同,然而节约用水对策仍有许多共同点。在节水政策法规方面,多将节水纳入国家战略层面予以重视,制定相关规划计划,给予政策性引导;以立法方式增加节水的权威性和严肃性,并对节水措施标准提出明确要求。在利用经济手段方面,采用分类水价、阶梯水价、补助及奖惩等措施,直接刺激用水户节约用水;采用水效标识,通过市场推动生产者制造用水效率更高的产品。在日常用水管理方面,将用水审计纳入供水监管环节,加强供水管网渗漏管理,重视引导供水企业和用水户节约用水;通过免费为公民发放节水器具或提供适当补贴,鼓励家庭节水。在技术研发应用方面,重视节水和水处理技术设备研发推广,政府通过设立相关资金计划、提供技术交流平台等给予大力支持。在宣传教育方面,将节水教育纳入国民素质教育体系,利用报刊、宣传画、电视等多种媒体开展节水宣传,营造社会节水氛围。

我国水资源总量虽然位居世界前列,但人均水资源量仅为世界平均水平的1/4。加之水资源时空分布不均,缺水问题突出。近些年来,国家坚持"节水优先"方针,通过实施国家节水行动和建设节水型社会等举措,推动节水工作取得了显著进展。但也要看到,我国水资源集约节约利用水平总体不高,在全民节水意识、水资源刚性约束、监督管理、激励政策、市场机制等方面与一些发达国家仍存在一定差距。

这些国家的一些特色举措可供我国参考借鉴。美国和澳大利亚联邦政府发挥规划指导与必要的协调作用,各州则采取适合本地特点的节水政策与制度。澳大利亚通过流域规划及立法推进节水,保障生态用水,为我们处理好水资源短缺流域实施深度节水控水、保护生态环境提供了借鉴。以色列和新加坡开源节流并举,对我国资源性缺水地区充分挖掘节水与开源潜力,缓解经济社会发展中的水资源瓶颈制约有重要借鉴。另外,以色列、新加坡发展世界级水技术产业的经验,也给我们推进节水技术创新提供了启示。日本水循环利用全过程管理理念和推广城市雨水利用的做法,也值得我们学习借鉴。

互学互鉴,相得益彰。相信通过广泛的国际合作交流,高水平"引进来",高质量"走出去",我们会不断推进节水技术创新,完善节水制度与标准,提高精细化管理水平,提升我国节水国际影响力,努力从水利大国向水利强国发展,积极在世界上发挥示范引领作用。

第 1 章　以色列

提　要

以色列是世界上水资源最为匮乏的国家之一,年均降水量仅为 350 mm,人均水资源量仅为 200 m³。以色列也是水资源利用最为高效的国家之一,人均综合用水量和万元工业增加值用水量均远低于我国。有此成就,得益于以色列将节约用水视为生存和发展的核心要素,得益于在立法、管理、工程、科技、宣传、教育等多领域采取的有力措施。

在政策体制方面,建立完善的水管理法规,推进政府机构改革,执行严格的取水许可制度和供水统一定价标准,设立水法院受理水事纠纷和监督官员履职,实现水资源统一监管。

在工程设施建设方面,修建国家调水工程,实现全国多水源统一优化配置;修建大型污水处理厂和海水淡化厂,增加非常规水源供应能力;修建地下水库,使用地下含水层,增强极端天气下的抗旱能力。

在农业节水管理方面,采用集约化、精细化、智能化的灌溉技术,结合优化的种植模式,实施水肥一体化、智能化管理,有效降低了农业用水。

在科技研发推广方面,长期实施国家水科技计划,扶持水利企业创新发展,在节水灌溉和非常规水利用等方面形成强大的国际竞争优势,通过技术推广促进科技成果落地。节约用水行业成为以色列在世界水领域、出口贸易领域的标签。

在节水宣传教育方面,强化政府主导,塑造敬水和节水文化,促进社会公众和各类主体积极参与节约用水。全社会形成了全民要节水、想节水、能节水的良好氛围。

1.1 地理、经济及水资源利用概况

1.1.1 自然地理

以色列位于中东地区地中海沿岸,领土形状狭长,西部为海岸平原,向东依次为中央高原、东部峡谷。高原北边是加利利山脉,向南逐渐平坦,并逐渐成为南部沙漠平原。根据 1947 年联合国关于巴勒斯坦分治决议规定,以色列国土面积约 1.52 万 km²,与北京市面积相当,目前实际控制面积约 2.5 万 km²。

以色列沿海地区属地中海气候,夏季干燥少雨,冬季温暖湿润,内陆地区(约占领土面积的 68%)多处于干旱半干旱地区。年降水量仅为 435 mm,与我国内蒙古自治区大体相当。受地形和地势影响,降水从西北到东南呈递减趋势。其中,北部加利利地区年降水量约 1 000 mm,西部沿海地区年

降水量多在 500 mm 以上,南部加沙地带年降水量为 200~
300 mm,内盖夫沙漠年降水量不足 100 mm。全年 75% 的降
水集中在 12 月至次年 2 月,而 5~9 月则几乎没有降水[1](见
图 1-1)。

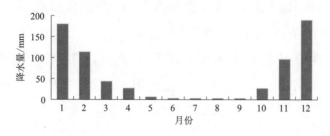

图 1-1 以色列年内降水分布

全国年均用水总量约 23 亿 m³,其中天然水资源量约 9
亿 m³,再生水资源约 5 亿 m³,淡化海水及微咸水近 9 亿 m³。
天然水资源中,地下水约占 65%,地表水约占 35%。境内主
要河流主要分布在北部山区和西部平原。约旦河是流经以
色列的最大河流,全长 360 km,流域面积 1.83 万 km²,相当于
我国海河流域的潮白河,但年径流量约 6 亿 m³,仅为潮白河
的 1/3。加利利湖是以色列最大的淡水湖和地表水源,总蓄
水量约 41.3 亿 m³[2],主要依靠上游约旦河及冬季降水补给,
每年可为以色列提供 2.4 亿 m³ 淡水供应。

据以色列中央统计局数据,2019 年以色列人口约 902
万,主要分布在沿海平原地区,城市人口比重超过 90%。

1.1.2 经济及产业结构

以色列是中东地区唯一的发达国家,GDP 约 1.41 万亿
新谢克尔(约合 3 816 亿美元,2019 年),人均 GDP 约为

44 788 美元。农业、工业和服务业占 GDP 的比重分别约为
2.4%、26.5%、69.5%。

作为农产品出口大国,以色列每年水果出口达 5.5 万 t,
产值 4.5 亿美元;出口鲜花产值 2 亿美元;出口柑橘产值 2 亿
美元。目前,以色列占据了欧洲瓜果、蔬菜进口市场的 40%,
成为仅次于荷兰的第二大花卉供应国。

以色列工业化和经济发展程度高,尤其以知识密集型的高
新技术产业闻名,在军事科技、电子、通信、计算机软件、医疗器
械、生物技术工程、农业、航空等领域竞争力位居世界先列。

1.1.3 水资源利用

以色列以水资源高效利用闻名。第一任以色列总统魏
茨曼曾说[3]:只要给我们一碗水,一颗种子,这个民族就能生
存!虽然其人均可再生水资源量仅 200 m³,水资源非常贫
乏,但不仅实现了水资源的"自给自足",还是欧洲果蔬和花
卉市场的主要供应国。

以色列通过实施国家输水工程合理调配全国水资源,保
障用水。工程于 1953 年开工建设,于 1964 年 6 月建成运行,
配套工程陆续建设到 20 世纪 80 年代末期。工程的水源地位
于以色列东北部的加利利湖,受水地区为以色列中南部。输
水工程总长约 300 km,主干管道内径 2.8 m。工程首部取水
能力 20 m³/s,经两级泵站提升。主干管道经特拉维夫东北
部后,分为东西两支继续向南延伸,直达内盖夫沙漠。沿途
设多座泵站加压,吸纳全国主要地表水和地下水源,并与各
地区的供水管网相连通,形成全国统一调配的供水系统。该
工程是以色列中南部地区的用水命脉和生命线,建成后极大

4

改善了以色列水资源空间分布不均的状况,为水资源的合理使用提供了基本保障。

以色列国家议会于 2018 年发布报告称,2016 年度全国用水总量为 23.46 亿 m^3。按水源划分,天然淡水约占 39%,再生水约占 24%,淡化海水及微咸水占 25%,雨洪水约占 12%。

按用水行业划分,农业用水约 12.82 亿 m^3(占 55%),生活和市政用水约 7.8 亿 m^3(占 33%),工业用水约 1.24 亿 m^3(占 5%),向约旦和巴勒斯坦供水约 1.31 亿 m^3(占 6%),生态用水约 0.29 亿 m^3(占 1%)。

1.1.3.1 农业用水

农业是以色列最大的用水产业,数十年来农业用水量基本维持不变。与此同时,农田灌溉面积从 1948 年 3 万 hm^2 提升到 2016 年 23.1 万 hm^2,增长了近 7 倍,农业产量增加了近 5 倍。我国农业用水变化与之相似。我国 1949~2018 年间农业有效灌溉面积增长了 4 倍多,粮食总产量增长了近 5 倍,农业用水量增长约 2.5 倍,近些年为微增长。

以色列将大量再生水和微咸水用于农业灌溉,全国普及了自来水和再生水的双管供水系统,100% 的生活污水和 72% 的市政污水得到回用。其中,再生水的使用量达到灌溉用水总量的 40%。

根据《以色列水务发展规划》,再生水在农业用水中的比例将不断提升(见图 1-2)。预计到 2050 年,再生水使用占比将提升至 67%,成为农业的主要水源,地表地下水和微咸水的使用比例将分别降至 26% 和 7%[4]。

1.1.3.2 工业用水

工业用水呈下降趋势(见图 1-3)。工业耗水主要集中

在化工、食品加工、建筑、炼油、电力及高科技等产业。其中，化工产业耗水量最大，约占工业用水总量的 50%，食品加工业约占 18%。近年来，再生水和微咸水的使用比例有所提升，主要用于采矿业[5]。

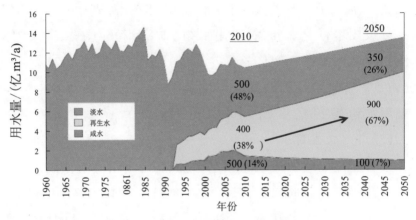

图 1-2　以色列农业用水及规划情况

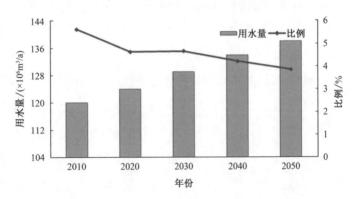

图 1-3　以色列工业用水量及未来预测

1.1.3.3　生活及市政用水

以色列生活用水主要以地表水、地下水和淡化海水为主。随着海水淡化技术的不断提升和成本控制，淡化水成本价已降至 0.53 美元/m³（约合 3.78 元/m³），同时生产能力也大幅提升，从 2006 年的 3.65 亿 m³ 提升至 2019 年的约 7 亿 m³。以色列家庭人均生活用水量为 100~120 L/d，市政人均用水量为 80~90 L/d。几十年来，以色列的人均生活用水量和市政用水量没有显著变化，始终维持在较低水平(见图 1-4)。

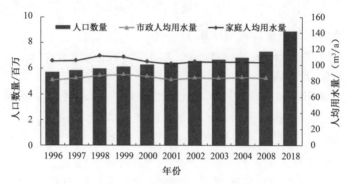

图 1-4　以色列生活及市政用水

1.1.3.4　生态用水

以色列《水法》修订案(2004 年)规定，保护和恢复自然景观用水(包括河流、温泉、湿地等)是水量分配的重要保障对象，随着再生水供应能力的不断提升，近年来生态补水持续增加，以色列河湖生态环境日益改善。

除本国农业、工业、生活和生态用水外，根据《以色列向约旦和巴勒斯坦供水协议》(2013 年签署)，以色列在阿卡巴湾修建供水系统，每年向该地区供应 2 亿 m³ 淡水，还向巴勒斯坦有偿供应 2 000 万~3 000 万 m³ 淡水。

1.2　水资源管理

1.2.1　水资源管理机构

以色列国家水务局(Israel Water Authority)隶属于基础设

施、能源和水资源部(至今),负责制定全国水利政策、发展规划、用水计划、供水分配方案,以及水土保持、污染防治、废水净化、海水淡化等相关工作。局长由以色列议会任命,兼任能源部副部长。根据以色列《水法》(2006年修订)规定,局长有权"管理国家的水事活动,决定所有用水户取水的水量和水质"。

国家层面水资源管理机构沿革

回顾以色列的治水历史,每一次制度和机构变革的背后,都源于洪旱灾害、政治风波和国内外的层层阻力。

1948年建国之初,面对荒芜的沙漠和来自世界各地定居的新国人,以色列政府投巨资兴建水利基础设施,补贴灌溉用水并以低廉的价格优先供应,保障水安全和粮食安全。在很长一个时期,水资源管理职能属于农业部。

1959年,水务委员会成立,负责监督和管理国内水资源及开发利用。

20世纪后期,以色列接连遭遇大旱。1986年、1989年和1998年的三次严重旱情,不仅导致农业大幅减产,还影响到了市政和工业用水,大多数城市出现了供水危机,暴露了当时以色列水资源管理体制的脆弱性和水资源供应的高风险状态,引发了自21世纪初开始的水利改革。

2002年,国家水务局、下水道管理局和麦克罗特国家水务公司从农业部被整建制划归至新组建的基础设施部,农业部仅保留农业用水、土地使用与养护等职能。

2004年,以色列议会修订了《供水与污水处理公司法》,要求地方政府通过成立私营市政水务公司,负责供水和排污等基础设施的建设与维护,并设立专门的监管部门,监督地方水务公司的水价制定和收缴使用。

2006年,以色列政府再次进行机构重组,成立了国家水务局,将分散在不同部门的大部分水资源管理职能划至国家水务局。

从水资源管理体制历程来看,以色列的水资源管理经历了由分散到逐步优化集中的过程。

为进一步加强多部门协作,以色列还建立水与污水资源管理委员会(简称水资源管理委员会),由国家水务局局长担任委员会主任,农业部、卫生部、财政部、基础设施部、环境保护部和内政部代表任成员,负责指导和监督国家水务局行使职能。

以色列在地方和流域层面也成立了专门的水资源管理部门,并通过权力逐步下放,实现了水务市场化。政府授权组建并将资金转移给供水和排污公司,同时成立专门的监管部门,批准其年度计划,监督协议执行和服务质量。

向地方逐步放权的历程

1965 年,以色列议会通过《河流和泉水管理机构法》,将河流湖泊管理权限赋予了地方排水部门。

1969 年,加利利湖周边居民自发组织成立了加利利湖管理局,保护湖泊及周边环境。随后,加利利湖管理局得到了当地议会授权,正式纳入政府设立的加利利湖排污管理局。

1988 年,亚尔孔河等多条河流均建立了流域管理机构,负责流量控制、水量分配、污染防治和生态保护等,这标志着以色列开始对水资源利用和保护、农业开垦、污染防治实施综合管理。

20 世纪 70~80 年代,由于无法对供水和排污成本进行全面核算,加之政治决策时常导致水费欠收或水费改作他用,市政部门和自来水公司长期处于亏损状态。同时,由于基础设施建设投入大、折旧率高,维修保养资金不到位,输水设施老化导致漏损率高,水资源利用效率低下,依靠过度开采自然水资源来满足所有用水需求。1993 年,全国各地的市政部门和自来水公司财务赤字共计约 30 亿美元。为改变不利局面,政府决定将城市水务部门的管理、运行和维护职能下放给私营公司和地方管理委员会。

2001 年,以色列实施水务市场化。

国外节水实践
GUOWAI JIESHUI SHIJIAN

目前,以色列已有 55 家区域供水公司,为 132 个地区的 76 座城市、144 个城镇和 53 个农村社区提供用水服务,覆盖人口约 600 万(另外 300 万居民由麦克罗特国家水务公司直接供水)。此外,区域供水公司还承担污水处理任务。与水有关的机构主要职责见表 1-1。

表 1-1 以色列水资源管理部门职能

部门名称	水资源管理职能
国家水务局	负责水务的统一运营、管理和监管,包括制定水价、划定水资源保护区范围、水资源优化配置、审批水处理和排污资质; 负责监督和管理地方水行政主管部门履职情况; 负责常规水资源的保护和修复,以及非常规水资源的开发、利用和监督; 负责以色列《水法》及其他水资源相关法律法规的实施
基础设施-能源-水资源部	负责管辖所有能源及自然资源,包括节能、水资源、污水、地球科学、海洋研究等
农业农村发展部	负责为农业提供灌溉用水; 负责分配生态用水
卫生部	负责制定饮用水水质标准并实施监管
环境保护部	负责水污染防治,颁布环境保护相关法规; 负责废水排放监测
内政部	负责废水处理及管理地方政府
财政部	负责预算制定,为水资源管理提供资金保障
麦克罗特国家水务公司	在政府监督下独立运作,接受基础设施-能源-水资源部和财政部指导; 通过运行和维护国家输水工程,向大部分城市和地区供水
区域水务公司	承接麦克罗特国家水务公司提供的水源,以及开发利用本地水源,通过本地供水管网,向社区、家庭和工业用户供水; 负责污水回收及处理,并对供排水过程实施监控管理
流域管理局	负责流域内地表水、地下水和雨洪水管理

1.2.2 水资源法律法规

在全球范围内,以色列是水资源立法方面做得最为全面和细致的国家之一。以以色列《水法》为核心,包括一系列关于水资源开发、利用、计量、规划等约束性的法律条款和修订文案。这些法律的出台和修订,无论是对公共管理部门权力的授予、行使和监督、制约,还是水务管理工作人员的行为准则和道德规范,以及各种违法、违规行为的惩治和预防措施,都提供了有力的保证,做到了有法可依,违法必究。

以色列《水法》规定,境内所有水资源均属集体所有,由国家代管,只能用于国家经济建设和满足居民生活需求。根据经济发展、社会需求和法律实践,又制定出台了《水井控制法》《水计量法》《水灌溉控制法》《地方政府污水管理法》《河流和泉水管理机构法》《排水及雨水控制法》《公共卫生条例》和《城镇工会法》等(见表1-2)[6]。

表1-2 以色列水资源管理法律法规

法律名称	颁布(修订)年份	主要内容
《水法》	1959年颁布 (1971年、1991年、2004年、2006年、2008年修订)	水资源管理的基本法,规定了全国水资源控制和保护的框架。 　由基础设施部执行,以色列水利委员会具体负责实施,并向基础设施部报告。 　规定:以色列境内所有水资源均归集体所有,由国家代管,人人都有用水的权利,但不能使水资源盐化或者耗尽。土地所有者不具有流经其土地上的地表水、地下水的所有权。只有获得取水许可,才可以从个人土地上进行取水,未经授权,任何人不得非法取水。 　1971年修订,增加了关于水污染禁止条款,规定"所有水污染,包括点源和非点源污染都被禁止"。

续表 1-2

法律名称	颁布(修订)年份	主要内容
《水法》	1959 年颁布 (1971 年、1991 年、 2004 年、2006 年、 2008 年修订)	1991 年修订,增加了水污染防治内容,规定"人人都应极力避免导致或可能导致水污染的任何行为,包括直接或间接的、短期的或长期的;若公民在其所有的地区内布置有生产水、供应水、运输水、储存水或向地下回灌水的设施,则其有责任采取一切必要措施来防止这类设施或其操作过程造成水污染"。 2004 年修订,增加了水权的范围,"保护和恢复自然和景观价值的用途,包括泉水、河流和湿地"。 2006 年修订,增加了水费的收取、水环境事件的内容、国家权力机构的相关规定等。例如"水环境事件–导致或可能导致饮用水供应、水源和供水设施的水量和水质的损害"。 2008 年修订,增加了管理措施规定,例如"任何人如果违反 A1 规定,则可能处以一年有期徒刑或罚款 35 万谢克尔"
《水井控制法》	1955 年	目标是保护地下水源,防止由于过度开采导致的水污染和盐度增加。 任何打井活动或对现有的井进行改动,都必须向水资源委员会申请许可。如果打井或改动现有的井未申请许可,水资源委员会可以命令其停止并恢复原状。即使井只为个人消费使用,也需要许可。 对允许钻井的范围、水设备、罚款等有明确规定,主要内容包括: (1)任何地下水井的钻探,必须持有水资源委员会颁发的钻井许可证。 (2)为了控制地下水资源的枯竭和防止水质盐化或为了确保居民饮用水的供给,水资源委员会可以拒绝批准钻井许可证的申请,可以取消许可证或者为许可证设置必要的条件。 (3)水资源委员会必须公开发布钻井许可证的申请书,对申请中的钻井许可证,持反对意见的人必须以书面的形式向水资源委员会提出反对意见。 (4)受水资源委员会决策侵害的人可以向水事法庭控诉。

续表 1-2

法律名称	颁布(修订)年份	主要内容
《水井控制法》	1955 年	(5)为了监督该法律及农业部制定的有关条例的履行情况,水资源委员会有权检查水井。 (6)对未获得钻井许可证的水井和不具备许可证发放条件的水井,地方官员根据水资源委员会的要求有权关闭这些井。 (7)这部法律的实施和与钻井、封水井有关条例的制定由农业部负责
《水计量法》	1955 年	执行用水许可证和计划用水分配制度。用水限量落实到各单位,不仅有总额限量,还有月限量和日限量。对超量用水实施惩罚。 灌溉用水定额使用 80%后,剩余 20%要增收水费。 超定额用水将处以 2~3 倍的罚款,且超用部分将被计入今后的用水配额;如果连续超量用水,则有可能被取消用水资格
《水灌溉控制法》	1955 年	规定供水系统一律采用管道运输,以避免输水过程中的淡水渗漏和蒸发
《地方政府污水管理法》	1962 年	规定了地方管理机构在规划、建设和维护废水系统方面的权力和责任。它要求地方当局维护好污水系统。新的污水系统必须得到区域规划委员会以及健康和环境管理机构的批准。 明确了废水系统的收费问题
《河流和泉水管理机构法》	1965 年	授权环境部,在与地方管理机构和内政部协商后,建立特定河流、泉水或其他水源的管理机构。这些机构要采取措施保护河流及其堤坝,以防治污染
《公共卫生条例》	1981 年	规定了废水处理的有关内容,并对适宜于灌溉废水的农作物列举了清单
《公众健康法》	2010 年	规定了回收水所应该满足的悬浮物和固体的最大标准,以及经处理的污水达到不受限制进行灌溉和河流排放分别应达到的 36 个指标。该标准根据土地和水资源的敏感度而制定,旨在避免对土地和水资源造成损害

其中,在节约用水方面的专门文件有:国家水务局发布的《家庭节约用水的十项规定》和《花园节约用水的十项规定》;环境保护部发布的《节约用水倡议》等。

根据以色列《水法》要求,以色列设立了专门的水法院,负责审理违反以色列《水法》和《排水与防洪法》等涉水案件。水法院主要负责对国家水务局局长关于水量分配、水质保护和防治水资源浪费等方面错误决议进行审理,以及针对能源部、环境保护部、农业部等部长失职行为进行审理。一般由3人组成工作组负责具体案件审理,其中1人为地区法院的法官,2人为公众代表。

以色列《水法》发展历程

建国初期,以色列人口迅速增加,仅1948~1952年,就有约68.7万犹太移民从世界各地前来定居,生活用水和粮食需求大幅增加;但自然环境恶劣、基础设施匮乏,供水能力严重不足。由于农业用水极端重要,需要强有力的中央政府和经济政策,废除个人用水权。以色列政府采取集权方式,通过农业部控制全国水资源的统一调度,并在1955~1959年,先后制定了《水计量法》《水井控制法》《排水及雨水控制法》和《水法》等4部法律,通过立法确立了水权的公有制。

20世纪70~80年代,以色列经济社会快速发展,大量基础设施投产运行,水量基本满足了生产生活最低需求,但水环境问题日益凸显。以色列政府和民众对水质保护和水污染防治重要性的认识不断提高,制定和修订了多部水环境保护相关法律法规。1971年以色列《水法》修订案明确了水污染和污染者的定义,在其授权下,农业部和环境保护部于1989年共同出台法规,防止农业和工业产品在生产、加工和销售过程中对水资源造成任何形式的污染。

又经过20年的快速发展,以色列跻身发达国家行列,用水条件进一步改善;但与此同时,也暴露出新的问题——政府权力过度集中,容易引发腐败,导致用水效率低下。于是,以色列政府开始推行私有化和资本化运作,用市场定价制度取代预算制度。

私有化虽然提高了用水效率,但也进一步加剧了水资源管理的碎片化,暴露了"多龙治水"、责权不统一、管理不集中的弊病。2006年,通过修订以色列《水法》,增加了国家权力机构的相关规定等,赋予新成立的国家水务局更大、更集中的权力,使得国家水务局有权制定水价、划定水资源保护区范围、水资源优化配置、审批水处理和排污资质。

综上,以色列水资源管理相关法律制度不断完善。

1.2.3　水资源管理制度

以色列水资源管理制度与水文气象条件、时间、文化、政治、社会需求等因素息息相关,随着经济社会发展的不同阶段,逐渐转变。建国初期,以色列水资源管理的主要约束包括农业开垦和快速增长的灌溉面积、大量移民安置所需的生活用水,以及执行保障地区和平稳定的跨界水协议。随后,以色列工农业发展迅速,作为新兴国家,工业体系逐步建立和完善,农业种植结构日益优化,通过水价、审计等手段加强用水管理,满足第一、第二、第三产业用水的需求,以色列政府和民众更加关注水质标准和水生态环境。

1.2.3.1　水价制度

以色列以水价为核心的经济手段在调节用水需求方面发挥了重要作用。以色列对不同水源制定差异化水价,鼓励"优水优用",同时实现了全国供水统一定价标准,基本做到了财务上的"自负盈亏",实现了国内用水结构的优化调整。

20世纪60年代初期,水价制度已相对完善。1959年以色列《水法》规定:城市和乡镇拥有优先用水权;在水价方面,生活用水价格最高,工业用水次之,农业用水价格最低。全

国所有地区实行统一水价,国家供水公司水价由水行政部门领导制定,私有供水企业和集体供水可以自行定价,国家不予干预。政府对低成本水源取水进行征税,用于高成本水源取水补贴。水价政策的基本原则是:一是有利于水资源从相对丰富的北部地区输送到干旱和半干旱的南部地区;二是考虑国家的整体规划,满足未来 40～50 年人口增长的需要;三是促进节水技术在农业灌溉和工业生产中的应用。1980 年以来,农业用水得到基本保障,城市用水日趋增加。

2000 年,开始逐渐征收水资源费,并于 2007 年进行了大幅调整,从约 8 谢克尔(约 16 元)/m³ 上升到 10 谢克尔/m³。水资源费根据用水行业、水源、用水量和用水地点的不同而有所差异。水资源费将产水成本纳入其中,使得水源水质不同,价格也有所不同。2010 年,全国开始对供水采用实际成本定价制。

1. 水价成本

水价成本被分为三种类型,包括低价水、中价水和高价水(所列价格和费用为 1992 年制定的标准)。其中,低价水:浅井水和输配水投资较低的地表水,费用为 0.10～0.15 美元/m³;中价水:深井水和提水、输配水投资较高的地表水,费用为 0.30～0.80 美元/m³;高价水:提水扬程较高和咸水淡化的水,费用高于 0.80 美元/m³。

目前,根据麦克罗特国家水务公司财务报告,淡水成本为 0.4 美元/m³,海水淡化成本为 0.6 美元/m³,再生水成本为 0.24 美元/m³。

2015 年,以色列生活用水价格的构成主要包括:市政公司成本占 44%,污水处理成本占 18%,输配水成本占 22%,海水淡化成本占16%(见图1-5)。如果年际间存在差异,政府补贴将给予调节。

2.水价设置

近年来,以色列实行阶梯水价制度,以鼓励民众节水。按照分级提价系统,超过配额的用水可高至配额水的3倍。超额用水和浪费水的经济惩罚,对限制用水量非常有效(见图1-6)。

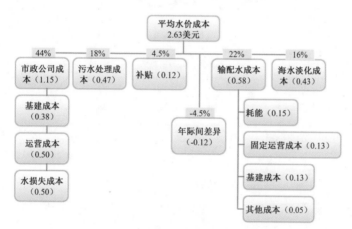

图1-5 以色列生活水价成本组成

注:mgcl/L指1L微咸水中的氯化物含量

图1-6 以色列各行业水价表[7]

在推行水价制度的过程中,高昂水价也曾引来当地居民的质疑。为此,以色列出台了两套方案:一方面,保证尽可能公平合理,不论水源来自海水还是淡水、哪个地区使用,均严格采取统一标准收取水费;另一方面,提供大量低质低价的替

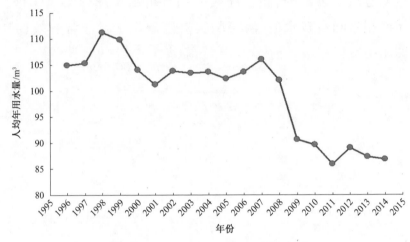

图 1-7　1996~2014 年人均用水量

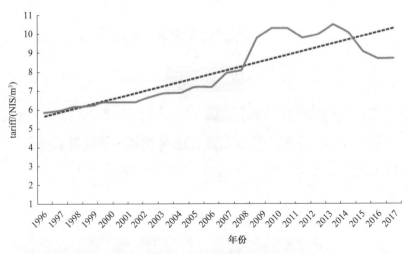

图 1-8　1996~2017 年城市平均水价变化

代水源,如再生水、微咸水(淡化水)、雨洪水等,用于生活和农业的价格仅为淡水水价的 1/3～1/2。

随着以色列的用水管理措施及水价政策不断改进,人均用水量自 1996 至 2017 年呈逐年下降趋势,尤其是 2007 年之后,人均综合用水量显著降低,分类水价制度发挥了作用。

1.2.3.2 用水审计制度

为减少供水过程中的用水损耗,以色列于 20 世纪 90 年代采取了用水审计制度,即定期将供水单位生产的水量与用户水表记录的消耗水量进行比较,对两者之差(非计量用水)进行统计和分析。

以色列全国用水审计每年至少开展一次,审计结果向水资源委员会报告,由委员会进行核查分析并发表年度报告。用水审计可以确定水量损失,以便采取适当的措施控制和减少水量损失,包括水表校准、渗漏探测与修补、阀门修理、水管腐蚀控制等措施。通过用水审计制度,采取适当措施而节省的水量可达总用水量的 5%左右[2]。

1.2.3.3 奖惩制度

为推进农业节水快速发展,激励农户不断提高灌溉水利用效率,以色列政府在水费征收方面,除根据单位面积土地用水量实施阶梯水价外,还制定了水资源超用惩罚和节约奖励制度。

当灌溉用水定额的 80%被使用后,剩余 20%定额的水费要提档。当发生超配额用水时,除按规定的价格计收差别水费外,还要增加 2～3 倍的罚款,而且其超用的部分,将计入下一年度的用水配额。如果连续超量使用,将取消用水许可、责令整改后重新申请。即便使用自己土地上水井里的水,也

同样照此执行。上述措施由用水管理部门定期检查、实施。

为鼓励农民多使用再生水进行灌溉,以色列曾一度规定,如果农民自愿将淡水水权变更为再生水水权,可以额外多获得 20% 的用水配额。

1.3　节水管理与实践

1.3.1　用水需求管理

1.3.1.1　用水总量控制和定额管理并举

20 世纪下半叶,以色列以水资源承载能力作为控制经济社会规模的重要标准。水资源供应相对充沛的地区大多人口密度大、工农业和服务业聚集;水资源匮乏的地区人口稀少、只能种植耐旱作物。

21 世纪以来,由于非常规水资源的供应能力不断提升、供水成本下降,再生水和淡化水已能够满足工农业的用水需求,并实现有所盈余。以色列逐步改变了国内的用水格局和产业格局,打破了自然淡水供应下"以水定城、以水定地"的限制。只要企业能够承受水费,用水量在理论上已不再受到限制,因为海水淡化和污水处理可以增加供水量。

各级政府根据法律规定,按照先城市、后工业、再农业的顺序进行行业水资源配置,并努力确保城市用水中的生活、园林绿化、地方服务业、公益事业、贸易、商业等各领域分配水量差距不超过 12%,对每个用水户实行用水配额制度,按照家庭人口、灌溉面积等因素以及不同地区不同行业的用水定额,确定各用水户的年用水配额。通过高度集中化配置水资源,带动了中南部经济社会的发展,改善了严酷的生态环境条件,扩大了国家的生存空间。此外,以色列在确定农业领域用水配额时,采取了稳中求进、实事求是的原则。不仅每年核定用水配额,而且在具体核定时,也采取了"两步走"的方式,每年冬季前先初步确定农业用水配额,待到冬季结束后,根据来水量再修订用水配额。

1.3.1.2 制定和完善用水定额体系

标准定额是衡量用水节水的重要标尺。以色列实施按定额供应水资源的制度,国家按地方划分定额供应区,并相应建立起一系列农作物、生活、工业用水定额,严格依据用水定额分配水量。农业用水方面,由国家水务局与农业部按照区域特点共同确定用水定额,倒逼农业产业结构向高附加值农业生产转型。生活用水方面,规定人均生活用水标准为每月 3.5 m³,城镇用水方面,确定供水公司管网渗透率不能超过 10%,一旦超过标准定额,将采取大幅加价甚至强制关停等惩罚性措施。

1.3.1.3 生态需水的重视程度逐年上升

近年来,以色列越来越重视生态需水。2003 年 8 月,环境部和国家公园管理局发布了《以色列生态环境用水》的文件,明确提出了国内河流和湿地的用水需求,要求各级政府和民众改变用水方式,最大限度地保护自然生态价值、修复正在退化甚至已经消失的自然景观。同时,政府呼吁全体国民自愿签署《生态用水全民道德公约》,约束自身用水行为。经过十几年的生态补水和修复,目前以色列每年的生态用水量已超过 3 000 万 m³。2020 年 9 月,加利利湖的水位达到近 27 年来的最高值[2]。

1.3.2 污水处理及回用

为弥补天然淡水资源的不足,以色列引领了一项水技术革命——污水再利用。污水经过处理后,作为农业和绿地灌溉用水及用于河湖生态补水,以及森林火灾救援储备,极大缓解了用水压力。无论雨水丰沛还是干旱,以色列都能够满足基本用水需求。

目前,以色列已发展成为世界上污水回收利用率最高的国家之一。1963~2015 年,污水总量从 1.3 亿 m^3 增加至 5 亿 m^3,与此同时,污水再利用率从约 10% 升至 80% 左右,污水利用率远高于其他国家比例,并计划在近年将这一比例进一步提高至 90%。

以色列的污水再利用历史可回溯至 1956 年。以色列政府将特拉维夫地区 7 个城市的污水收集起来,通过大型管道运送到城区附近的沙夫丹无人区进行一级处理和二级处理。之后,创新地利用砂土蓄水层实现了三级处理。20 世纪 70 年代,为提高蓄水能力,以色列在内盖夫沙漠中修建了数百个再生水水库,既可以利用细沙颗粒天然的过滤功能净化水质,也能减少蒸发(见图 1-9)。

1972 年,以色列政府制定了"国家污水再利用工程"计划,规定城市污水至少回收利用一次。到 20 世纪 90 年代,以色列建立了一系列的处理设施和水库基础设施,从污水处理、储存到运送再生水,几乎能够覆盖国内每个城市。

近年来,国家水政部门大力协助私营企业建设污水处理厂。根据用途不同,污水净化的程度也有所不同。农业灌溉用水对水质的要求相对较低,且需求量大,价格远低于淡水;

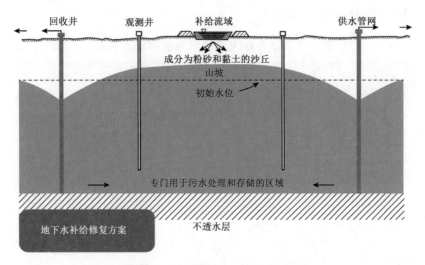

回收井　　　观测井　　　补给流域　　　　　供水管网

成分为粉砂和黏土的沙丘

山坡

初始水位

专门用于污水处理和存储的区域

地下水补给修复方案

不透水层

图 1-9　沙夫丹地下水库示意图

尤其在干旱年份,农业的淡水配额被大幅削减时,再生水可有效地保障灌溉。目前,已有超过 87% 的再生水被应用于农业灌溉,达到了全国灌溉用水总量的 40%。

1.3.3　海水淡化技术

历经多年研发,以色列海水淡化技术在安全性、经济性、稳定性等方面都经受了实践检验。目前,以色列淡化海水已大量应用于市政和公共用水。2017 年,海水淡化量增加至近 5.9 亿 m^3,约占全国生活用水总量的 70%。大规模使用淡化水提高了以色列水资源的稳定性,减少了对加利利湖等淡水水源地的依赖。

以色列海水淡化始于 1999 年政府制定的《大规模海水淡化计划》。随后海水淡化工程进入了快车道。2008 年,国家水务局发起国家水资源长期总体规划,2020 年实现年均淡化水总量达到 7.5 亿 m^3 的目标,并对海水淡化厂的选址、运

营策略和所有权等进行了规定。

表 1-3 以色列大型污水处理厂技术指标

污水处理厂名称	年处理能力/万 m³	供应人口/万	处理等级
沙夫丹(Shafdan)	13 418.8	250.0	三级
海法(Haifa)	3 796.0	55.0	二级(升级中)
耶路撒冷-索瑞克(Jerusalem-Sorek)	3 377.2	63.5	二级(升级中)
阿亚龙(Ayalon)	2 017.3	35.8	二级(升级中)
内塔尼亚(Netanya)	1 579.6	23.6	三级
贝尔谢巴(Beer Sheva)	1 502.5	25.6	二级(升级中)
阿什杜德(Ashdod)	1 154.4	21.6	三级
哈德拉(Hadera)	1 042.0	18.4	二级
卡法萨巴-霍德夏沙隆(Kfar Saba-Hod Hasharon)	1 014.5	16.2	三级
卡米尔(Carmiel)	950.8	20.0	三级
合计	29 853.1	529.7	

近 90%的淡化海水由从北至南沿地中海海岸排列的 5 座海水淡化设施厂生产(见表 1-4),均采取 BOT 的模式建设运营。另有 2 座大型海水淡化厂处于规划阶段,预计到 2025 年总产能将达到 9 亿 m³/a,到 2050 年海水淡化水将占全国淡水需求量的 41%,占生活用水的 100%。在淡化处理的水源中,除海水外,还有一部分来自于微咸水。目前年均淡化微咸水总量将近 2.5 亿 m³。

1.3.4 农业节水灌溉综合措施

1.3.4.1 节水灌区的发展

以色列 95%的土地为国家所有,私人土地仅占 5%。农业生产经营的组织是从建立以移民为主体的合作居民点开始的,在形式上,主要是集体农场(基布兹)和农业合作社(莫沙夫)两种形式。建国初期,以色列曾有数千个基布兹和莫沙夫,平均每个组织有约 450 人。随着城市化进程不断推进,大量人口涌入城市。截至目前,以色列仍有 270 多个基布兹和 450 多个莫沙夫,约占全国总人口的 5.3%。

表 1-4 海水淡化厂相关数据

海水淡化厂	营运开始年份	运维年限/a	产水成本/(美元/m³)	年产水能力/亿 m³	投资成本/亿美元
阿什克伦(Ashkelon)	2005	25	0.78	1.19	2.7
帕尔马奇姆(Palmachim)	2007	25	0.86	0.90	1.6
哈德拉(Hadera)	2010	25	0.72	1.27	4.3
索瑞克(Sorek)	2013	25	0.54	1.50	4.1~5.4
阿什杜德(Ashdod)	2016	25	0.65	1.00	4.1~5.4
合计				5.86	

基布兹以较低的价格向国家租赁土地,采用计划经济模式,施行生产资源配额制。因此,以色列农田种植规模普遍偏小,采取高度集约的农业经营方式,节水灌溉设施普及率高。据统计,以色列农业灌溉面积从 1948 年的 3 万 hm² 增长至 2016 年的 23.1 万 hm²。为缓解国内土地资源不足,以色列还在境外租借了土地,用于农作物种植。1994~2019 年,以色列与约旦签署协定,租借了约旦西北部巴古拉(Baqura)和死海南部古玛尔(Ghamr)面积约 1 200 hm² 的两块土地,租期 25 年。

1.3.4.2 节水灌溉技术

以色列具有完善的输配水管网系统和先进技术,为高效

用水提供基本保障。从北部戈兰高地到南部内盖夫沙漠地区,均有输水管网系统。无论农田、果园,还是公园,乃至城市的林荫道、居民门前的绿植,都通过管网系统进行灌溉。

以色列农业灌溉技术经历了大水漫灌、沟灌、喷灌和滴灌等阶段。20世纪50年代,喷灌技术代替了长期使用的漫灌方式;60年代,以色列水利工程师首次提出滴水灌溉设想,并研制出实用的滴灌装置。

目前,以色列超过80%的灌溉面积采用滴灌技术,使灌溉水利用效率大幅提高。同时,高效灌溉技术配合精准施肥技术,将水和肥按照作物的需要规律供给,生产出优质高产的农产品。以色列可以生产世界上最先进的成套节水灌溉设备,包括大型喷灌机、微喷(滴)头、各类管道、过滤器和施肥装置、自动控制阀、水处理装置、主控平台等。其中,使用最广泛的农业节水技术包括滴灌技术、喷微灌技术、遮阳网技术等(见表1-5)。

表1-5 以色列传统节水灌溉技术

节水技术	节水机制及效果
压力灌溉技术	利用压力泵对管道进行加压输水,实现灌溉目的的技术。 是以色列最早采用的节水灌溉技术,使单位面积土地耗水量下降了50%~70%,也是后续节水灌溉技术研发的基础技术
地面滴灌技术	将具有一定压力的水,过滤后经管网和出水管道(滴灌带)或滴头,以水滴形式缓慢而均匀地滴入植物根部附近土壤。水分利用率最高达到95%。 采用滴灌可以将肥溶解在水中,再通过滴灌管道输送到作物根部,即水肥一体化技术或施肥灌溉技术,提高了化肥的利用效率,降低化肥用量,有效地保护农业生态环境。 与传统漫灌方式相比,滴灌可实现节水35%~50%,水肥的利用率高达90%

续表 1-5

节水技术	节水机制及效果
地下滴灌技术	把管线埋藏在地下 50 cm 深处的埋藏式灌溉,既减少了土壤水分蒸发,又不影响田间作业。 采用塔普兰(Tarplan)材料生产的滴灌管道,可以阻止滴头附近根系生长,从而使滴灌系统免于被细小根系穿透,防止外来尘土被滴灌头吸入
喷灌技术	主要应用于果蔬作物,喷洒式灌溉的耗水量为 30~300 L/h,水分利用率可达 85%
遮阳网技术	应用遮阳网可大幅减少作物蒸腾,在以色列沙漠地区得到广泛应用。根据作物产量、品质等,选取不同颜色的遮阳网

在自动化灌溉技术方面也走在世界的前列,几乎所有灌溉方式都实现了智能监测与远程控制。将计算机控制与智能计量、自清洗过滤、防漏监测等技术有机结合,建立智能节水灌溉系统,实现了节水农业的自动化与精准化。农场大多配备了家庭灌溉系统(FDS)和作物管理技术(CMT),能够帮助农民及时、准确地了解天气和土壤条件,便捷、高效地监控灌溉用水和作物生长状况(见图 1-10)。

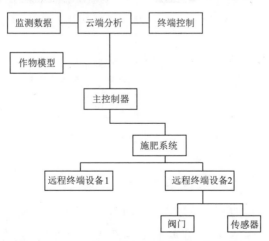

图 1-10　以色列灌溉及监测系统示意图

　　以色列通过精细化种植和节水灌溉,实现了多项作物量产高、用水少的记录。例如,柑橘平均亩产约为 2 500 kg,玫瑰花每公顷 300 余万枝,棉花单产居世界之首,亩产近千斤,西红柿每公顷单产 500 t,灯笼辣椒、黄瓜、茄子等蔬菜单产也为世界最高。此外,许多农产品的单产量及其加工技术处世界领先水平,奶牛单产奶量居世界第一,平均每头产奶 10 500 kg,甚至每立方水域养鱼的产量也高于 0.5 t。

图 1-11　以色列精准灌溉和施肥技术

1.3.4.3　培育和改良耐旱耐盐农作物品种

　　通过人工培育优质、高产、抗旱的作物新品种,减少农作物耗水量。目前,以色列农民使用的几乎全部是科学家开发的优质新品种,仅西红柿就有 40 多个品种,具有耐旱、耐盐、产量高、品质好等优点。

　　以色列最大的绿色组织 KKL-JNF 长期致力于在内盖夫和阿拉瓦沙漠地区开展微咸水种植研究。使用微咸水进行农业灌溉的方案主要有两种:一是培育适宜生长在微咸水中的植物,例如一种名为 Barnea 的橄榄树,可使用 2~5 g/L 含盐度的微咸水进行灌溉;二是用淡化水稀释微咸水,例如樱桃和西红柿,可使用60%微咸水和40%淡水均匀混合后的水灌溉❶。

凭借先进且精细化的节水灌溉技术,优良的抗旱作物新品种与节水栽培技术,以色列在淡水资源匮乏的荒漠上发展出现代节水农业,将贫瘠的荒漠变成了绿洲和良田,创造了现代节水农业的奇迹。

1.3.5　工业节水

以色列在工业节水方面,也有成熟经验,主要做法包括:

(1)检查工厂区域的供水设备,避免水在运输过程中无效浪费;在运输过程中如水量损失超过8%,供水公司负全部责任。

(2)采用空气冷却系统代替水冷系统,在具有同等可替代条件下减小水的使用。

(3)优化配水技术和措施,选择符合配水要求的最小负荷冷却和排水系统以减小水耗。

(4)开发污水处理和海水淡化技术,提高反渗透系统的效率,增加水资源的再利用量。

(5)通过重新利用冷凝水,使排水量降到最低,使蒸汽系统正常运行的同时,减小水的散失。

(6)减少清洁用水量,无须用水的地方采用其他替代方式清洁,例如:扫除和吸尘。

(7)厂房区域的水回收和利用,或者多次重复利用;在混凝土沉降池中进行水循环以及在金属涂层和纺织厂中进

---

❶https://www.most.gov.cn/gnwkjdt/2019089_14826F.html。

行水循环的过程中,将产品的最终洗涤水引导至第一次冲洗。

表 1-6　以色列生活节水设备

节水设备	节水机制及效果
节水马桶	传统的单按钮马桶水箱 9 L,双按钮马桶水箱(4.5 L/9 L)普通每人每日可节省约 12%的家庭清洁用水量,标准双按钮马桶水箱(3 L/6 L)则可节省约 20%的用水量
流量调节器	一种缩小水管直径并通过限制流量保证稳定供应的装置
水龙头流量调节器	可以在流量限制下稳定地供应流经洗手池或厨房水槽水量的一种装置,其供水量为 4~8.5 L/min,建议洗手池供水 4~6 L/min,厨房水槽供水 7~8.5 L/min
节水龙头	流量为 3.2~10 L/min,可供洗手池或厨房用水量
淋浴流量调节器	通过限制流量使流经花洒的水流稳定的一种装置,供水量为 8~11 L/min
淋浴限流器	一种缩小直径并减少流过花洒或喷头流量的狭窄装置,供水量为 4.5~13 L/min
限定流量阀门	可预先设定流量,用水量一旦达到设定值就会自动关闭

1.3.6　生活和市政节水

1.3.6.1　生活节水

以色列实施生活用水配额制。2000 年,以色列政府规定,所有新装修建筑必须使用双冲式马桶,要求建筑物安装节水设备。以色列政府还向国内 150 万户家庭免费发放了节水水龙头和计时器,提醒公众节省洗澡时间。

为将公众节水意识推向行动层面,《以色列家庭节约用水十项规定》要求:

(1)在厨房、浴室的水龙头上安装控制水流的装置。

(2)洗手抹肥皂和洗碗时及时关闭水龙头。

（3）仅在洗碗机装满的时候才洗碗。

（4）仅在洗衣机装满时才洗衣服。

（5）安装可以分两次冲水、一次仅消耗半箱水的马桶冲水装置。

（6）经常检查厕所是否漏水。

（7）经常通过水表检查家里和花园的水龙头是否漏水。

（8）避免水龙头滴水。

（9）用桶水洗车。

（10）用空调漏水浇花。

以色列 BrighTap 公司研发的智能用水计量器（见图 1-12），通过与水龙头、管道等相联结，可以计量并实时显示用水量、水温、水质等多个指标，并利用相关软件在线定制个性化的节水方案。

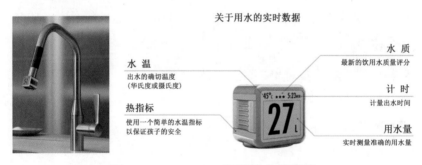

图 1-12　BrighTap 智能用水计量器

2020 年，以色列 Watergen 公司研发出一种新型空气制水机（见图 1-13），从空气中抽取水分，并将其转化为饮用水，日生产能力 800 L，能源来自太阳能电池板，样机已在加沙地区的一处居民区试用[2]。

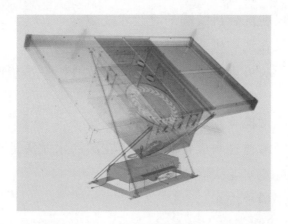

图 1-13 以色列 Watergen 公司研发的"GEN-M"空气制水机

1.3.6.2 市政节水

市政节水主要体现在两个方面:公共设施的节水改造和公共绿地智慧化灌溉。

2002~2004 年,全国 203 个市级和地方级议会大楼累计安装了约 6.2 万个按钮马桶水箱、3 000 个无水小便池、10.5 万个水池节流器和淋浴节水装置、2 000 个花园灌溉水阀和灌溉控制器。相关部门监测数据显示,安装节水设备的建筑物平均节水可达 25%。

节水案例:公共体育馆节水

以色列有 300 多个体育场馆,年用水总量约为 1 500 万 m³。地方政府采取了以下节水措施:

一是用洗手和淋浴产生的废水灌溉花园。

二是升级灌溉系统和安装自动系统,实行经济型园艺。

三是在游泳池中安装节水装置,将游泳池中的水回收并重复利用。

实行节水措施后,每个体育场馆平均每年节水 1 万~2 万 m³。

以色列城市园林绿化面积约为 6 500 hm²,其中 2 800

hm^2 为草坪。绿化面积的年增长率约为 3.5%。公共绿地灌溉用水是市政领域的用水大户。经过智慧化改造,每年节约用水 1 000 万 ~ 1 500 万 m^3,节约用水比例达 33%。具体措施包括:

(1)根据天气预报和所种植作物需水量分配灌溉水量,使用智能控制系统进行精准灌溉。

(2)4 ~ 11 月,降水量偏低的南部城市仅在每日 17 点至次日 10 点允许使用洒水器,其他时段、其他地区均采用滴灌。

(3)种植需水量少且抗旱的节水植物,并根据植物种类和维护所需条件,将花园分类、分组进行灌溉。

(4)使用地表覆盖材料,以减少土壤升温和地表水分散失,抑制花园中的杂草生长,及时修剪草坪和灌木丛,减少无效蒸腾。

(5)增加灌水时间间隔,促进根系生长,增强植物根系的吸水能力,大量使用堆肥,提高土壤保水性。

1.3.7　节水技术研发及推广

以色列节水技术的研发和普及,离不开政府财政的大力支持。为鼓励节水技术研发和推广,以色列政府建立了完善的科研投入和政府补贴机制,每年投资近千万美元助力节水技术研发机构、科技推广企业和前沿创新孵化器的发展。

2004 年,国家水务公司成立了创业中心,致力于促进先进技术与产业融合、水技术专利的申请与转让,以及小微型创业的孵化。2005 年至今,以色列一直积极推动国家水科技项目,通过提供启动资金,研发、推广和出口先进水技术,包

括农业节水灌溉、工业节水、供水管道漏损监测、海水淡化、生活节水等[2]。

除直接投资、提供优惠贷款、自然灾害保险、承担出口风险外，政府还通过市场化参与投资风险基金等间接形式，积极引导民间资本、海外资本投入技术创新领域。1993年，以色列政府实施股权投资YOZMA计划，创立了"政府+私人资本（民间资本+海外资本）"模式的股权投资基金，成为推动以色列风险投资的主要力量。政府作为有限合伙人出资40%，不参与投资决策，也不干预投资项目选择，引导激励创业投资和创业早期企业发展。

除企业外，很多以色列高校设立了水利专业，包括希伯来大学、以色列理工学院、本·古里安大学等，开设了高效节水技术国家实验室。2020年3月，以色列政府宣布，将与美国有关机构联合发起水-能研究中心项目（CoWERC），赞助本·古里安大学和美国西北大学共同研发高能效水资源供应、再生水回用和资源回收、水资源和能源耦合系统等创新型技术，用于应对全球水挑战。该项目预算约2 140万美元，由美国-以色列国家工业研究发展基金会、以色列能源部、以色列创新局和美国能源部共同出资，参与方还包括以色列理工学院、以色列麦考罗特国家水务公司、耶鲁大学、扎克伯格水资源研究所等[8]。

根据不同农作物的需水规律，制定了相应的用水标准，并按照这些标准进行精准的水量分配。根据以色列农业部数据统计，近年来的农业用水配额减少了30%~80%。遇干旱少雨的年份，为降低灌溉用水减少给农作物带来的损害，专家根据不同作物种类削减灌溉水量，例如，多年生作物（果园)和投资密集型作物(温室)削减比例较低,棉花作物和大田作物削减比例较高。

以色列在农业技术研究推广方面投入也很大,于1949年设立国家技术推广中心和区域推广服务中心。国家推广中心主要负责收集、核查和分析各种来源的研究试验成果,再把这些成果传递到各区域推广中心,并负责管理和监督区域推广中心。9个区域推广中心主要负责将总部确定的试验成果传递给农民,并及时向总部反馈推广效果和需要解决的问题。每个区域推广中心有10~30名专业推广人员,并根据区域农业技术推广特点建立了各类专门委员会。

完善的技术推广服务体系保障了科研成果能迅速转化为生产力。农业技术推广所需经费大部分由政府财政拨款,有10%左右来自农业生产者的资助,科研推广人员与农户签订必要的服务合同,为农业生产、经营者提供技术指导、咨询和培训,保障农业科技推广服务的及时、可行和实用。

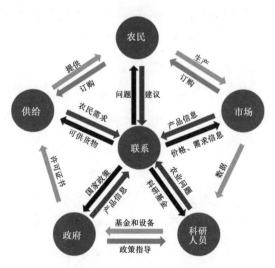

图1-14 农业技术推广各方的角色与联系

1.3.8　节水产业国际市场发展

以色列是最早在世界各地建立滴灌、水质净化、海水淡化等工艺及设备跨国销售网络的国家,出口对象国主要包括美国、中国、印度、埃及、南非、巴西、墨西哥、澳大利亚等。其中,先进滴灌设备主要由耐特菲姆公司(Netafim)和瑞沃乐斯公司(Rivulis,原普拉斯托公司)提供,水质净化和过滤设备主要由阿米亚德公司(Amiad)提供,海水淡化设备主要由以色列海水淡化产业公司(IDE)提供。根据以色列出口与国际合作协会(Israel Export Institute,IEICI)统计数据,2005 年,以色列公司在上述三项技术领域的出口额达到 8.1 亿美元,2008 年增长至 14 亿美元[9],2021 年已超过 60 亿美元规模。

在滴灌方面,以色列公司目前占据全球滴灌市场份额的1/3 以上,超过 80% 的滴灌设备用于出口[10]。以色列公司不仅向各国销售塑料管道和各种滴灌配件,还专门为花园、公园、农场定制设计灌溉系统,并负责安装、维护和技术咨询。1998 年,以色列公司灌溉设备出口总额近 3 亿美元[11]。截至 2021 年,该数字已超过 12 亿美元[12]。

其中,耐特菲姆公司在全球拥有 33 家子公司和 17 家制造工厂,迄今为止已生产超过 1 500 亿个滴头,其滴灌产品遍及五大洲 110 多个国家和地区,灌溉面积超过 1 000 万 hm^2,直接为 200 多万农民提供服务[13]。

在水质净化方面,根据以色列经济和工业部统计,2007年出口总额约为 7 亿美元,2015 年达到约 20 亿美元[14]。

其中,阿米亚德公司的水处理和过滤技术处于全球领先,成立近 60 年来,在全球拥有 9 家子公司和 7 家国际制造中心,为 80 多个国家和地区提供服务[15]。

在海水淡化方面,以色列 2016 年的出口额为 22 亿美元,较 2006 年增长了约 3 倍。2015 年,以色列公司在美国加利福尼亚州圣地亚哥市参与承建了一座耗资 10 亿美元的大型海水淡化厂及配套供水设施。2017 年 7 月,以色列与印度政府签署技术合作协议,商定进一步扩大海水淡化技术和装备出口[16]。

以色列 IDE 是全球最大的海水淡化企业,在低温蒸馏,尤其在海水淡化系统、工业废水浓缩和净化以及制冰机的开发、工程和生产方面居于世界领先地位,在包括中国(天津)、美国(加利福尼亚州)和印度(古吉拉特邦)在内的 40 多个国家和地区[17]建设了 400 多座海水淡化厂,解决了 1 亿多人的饮水问题[18],年市场增长率达 30%~40%。

表 1-7 以色列涉水技术企业

序号	企业名称	主要业务及节水产品	服务宗旨和影响力
1	麦科罗特国家水务公司(Mekorot)	海水淡化、水利工程设计施工、农业、供水、城市水务规划、污水处理、人工增雨等	国有企业,负责全国 90% 的供水,并管理全国 80% 的水资源
2	耐特菲姆公司(Netafim)	农业技术、滴灌技术设备、生物燃料作物	创建于 1966 年,是滴灌领域的全球领导者,产品和服务遍及全球 70 多个国家和地区,年产滴头 300 多亿只,占全球灌溉设备市场总销量的 70%
3	阿拉德集团(Arad Group)	设计、研发和制造家用精密水表、无人机检查漏水	基布兹农场建立的公司

续表 1-7

序号	企业名称	主要业务及节水产品	服务宗旨和影响力
4	IDE 科技公司（IDE Technologies）	海水淡化技术,废水处理,热泵、制冰机和造雪机生产	1965 年由政府建立,是海水淡化领域的全球领导者,建设和运营着世界上最大的海水淡化厂,已在全球建立约 400 家海水淡化厂
5	塔哈尔工程咨询公司（Tahal Consulting Engineers）	水资源管理、农业发展、污水处理、卫生、环境保护、道路和海洋工程、工业园区建设	创建于 1961 年,是以色列最大、全球知名的水利工程顾问公司
6	阿米亚德公司（Amiad Filtration Systems）	饮用水过滤系统	成立于 1962 年,业务遍布全球(含南极洲),提供无害的水过滤技术
7	伯玛德公司（Bermad）	管道、阀门及控制系统,用水计量,滴灌和温室技术	业务遍布全球
8	方舟公司（Arkal）	高效清洗和过滤技术	全球领先,业务遍及多个国家,服务于农业灌溉、塑料、水产养殖和渔业
9	全球环境解决方案咨询公司［Global Environmental Solutions（GES）］	自来水和污水处理厂设计、建设和运行	为工厂和市政提供完整的用水解决方案
10	夏利-阿里森-米娅公司（Shari-Arison-Miya）	管理、维修泄漏管道	2006 年成立,解决全球城市供水漏损问题
11	塔卡度公司（TaKaDu）	海水淡化、滤膜、滴灌、阀门等	致力于降低漏损率

1.3.9 节水宣传和教育

自建国起,节约用水就是以色列人的生活准则。不论生活用水还是农业灌溉,以色列人以节约用水为傲,为能够研发更加节水的技术自豪,数十年来形成了根深蒂固的节水观念。

培养民众的节水意识,从教育入手,将提高节水意识贯穿各个教育阶段。政府着力营造良好的全民节水氛围,通过网络、报刊、电视等媒体弘扬"水贵如油""水非常珍贵""节省每一滴水"等理念,并发布了《家庭节约用水的十项规定》《花园节约用水的十项规定》《节约用水倡议》等号召公众节约用水,宣传节水模范,批评浪费水的行为,时刻提醒人们善待水资源,养成良好的节水习惯。

1.3.9.1 基础教育

从小学开始,以色列的标准教材中就包括节水教育,倡导"节约用水是每个人应尽的义务"的理念,向学生们传授节水方法,如何用节水的方式洗澡和刷牙等。节约用水是从小就学习并实践的生活习惯。

1.3.9.2 货币和邮票

以色列的货币和邮票也将水资源和水技术作为其内容,并纪念在水利工程建设中的伟人。

1985 年发行的面值为 5 谢克尔的以色列纸币(相当于10 元人民币)正面,印的就是以色列前总理、国家输水工程的奠基人——列维·埃什科尔的头像。纸币背面是他亲手缔造的国家输水工程标志性设施——长距离输水管道。

以色列邮票上也有与水相关的图案,从《圣经》中记载的古

老供水系统到当代水利基础设施和先进技术。2007年,为庆祝麦克罗特国家水务公司建立70周年,以色列邮政专门发行该公司的纪念邮票,这枚邮票呈现了麦克罗特国家水务公司在水净化、深井挖掘、管道建造和雨云播种等领域的技术和贡献。

1.3.9.3 节水标识

以色列全国各地的公共场所,随处可见有关节约用水的标识,从办公场所到学校、从喷泉到沙滩,时刻提醒每一位公民,有责任和义务节约爱护宝贵的水资源。

以色列国家水务局鼓励民众使用有蓝色标志的符合国家节水标准的节水设备(见图1-15)。设置蓝色标志的目的:一是鼓励民众使用节水装置,

图1-15　以色列节水标识

二是鼓励进口商和制造商进口和生产节水装置。只有进口或生产的产品符合节水部门要求,才能向产品发放标有蓝色标志的许可证。只有获得了节水认证蓝标的节水装置才能够成为以色列地方政府、国防军队和家庭的采购品。

1.3.9.4 公益广告

2009年旱灾后,以色列国家水务局不仅组织开展了一次全国范围的节水运动,再次呼吁国民节约用水、使用更少的水资源;而且组织拍摄了"以色列在干涸"的系列公益广告,并邀请到9位各个领域的名人担任节水大使。在广告中,通过特效处理,明星漂亮的面容像干旱的土壤一样慢慢皲裂,给国民以巨大的视觉冲击和惊醒,引起了广泛的社会反响[2]。

参考文献

[1] Philippe Marin, Shimon Tal, et al. Water Management in Israel: Key Innovations and Lessons Learned for Water-Scarce Countries. World Bank Group. August 2017.

[2] Ido Avgar. Israeli Water Sector-Key Issues, The Knesset, Research and Information Center, 25 Feburary 2018.

[3] [美] 赛斯·西格尔. 创水记——以色列的治水之道 [M]. 上海: 上海译文出版社, 2018.

[4] Nir Becker. Water Pricing in Israel: Various Waters, Various Neighbors.

[5] Ido Avgar. Israeli Water Sector-Key Issues, The Knesset, Research and Information Center, 25 Feburary 2018.

[6] 官松. 以色列水资源综合管理体制 [J]. 世界环境, 2011 (003).

[7] Water Management in Israel. https://water. fanack. com/israel/water-management/.

[8] Amanda Morris. U. S. -Israel consortium launches $ 21. 4 million initiative to develop water-energy technologies. https://news. northwestern. edu/stories/2020/03/u-s-israel-consortium-launches-21-4-million-initiative-to-develop-water-energy-technologies/.

[9] How Israel is Supporting Export of Agtech Startups and Expertise to US. https://agfundernews. com/israel-supporting-export-agtech-startups-expertise-us.

[10] Drip Irrigation Market: Size Estimation, In-Depth Insights, Historical Data, Price Trend and Competitive Market Share & Forecast for the Period 2020-2028. https://www. datainsightspartner. com/report/drip-irrigation-market/733.

[11] Israel Science & Technology: Agro-Technology. https://www. jew-

ishvirtuallibrary. org/israeli−agro−technology.

[12] Irrigation Supplies Israel. https：//www. kimprojects. com/drip−irrigation−design/.

[13] Innovation by farmers, for farmers. https：//www. netafim. com/en/Netafim−irrigation−company_about−us/.

[14] Foreign Tech Companies Seek to Tackle California Drought. https：//www. govtech. com/fs/foreign−tech−companies−seek−to−tackle−california−drought. html.

[15] Amiad Water Systems. https：//www. amiad. com/.

[16] 缺水的以色列反靠出口水技术赚钱. https：//finance. sina. com. cn/stock/usstock/c/2017−08−17/doc−ifykcppx8648749. shtml.

[17] Desalination in Israel. https：//ildesal. org. il/desalination−in−israel/.

[18] 以色列海水淡化技术公司愿与中国加强合作. https：//news. ifeng. com/a/20161122/50296471_0. shtml.

第 2 章　日　本

提　要

　　日本与我国隔海相望,陆地面积不足中国的 4%。日本山地和丘陵占陆地总面积的 71%,多数河流从中部山地向东西两侧流向大海且流程短。年均降水量 1 700 mm,人均水资源占有量为 3 400 m³。可耕种土地大多在河流下游沿海一带的冲积平原,面积很少。

　　日本的水资源精细化管理是最值得我们学习借鉴的方面。突出表现在工业用水的高效、城市管网的止漏、水价阶梯的精细化等各个方面。日本工业用水量仅占总用水量的 14%,远远低于农业用水量占比(68%),但是工业对 GDP 的贡献率约为农业的 30 倍。日本城镇化率是世界城镇化率最高的国家之一,由于重视对城市管网漏损的预防和管理,日本成为全世界管网漏损率最低的国家之一。日本采用精细且多阶梯的水价体系,使用经济手段调节用水行为,在节水方面发挥了重要的作用。为应对干旱,除采取水权转让外,

也采取供水限制等特殊措施。

由于国土面积小、自然资源有限,日本从政府到民众,都将节约用水和保护水资源放在重要位置。在政府层面,日本倡导水循环全过程管理,主张关注水循环中各个环节的保护,通过制定《水循环基本法》并评估每年度水循环计划的实施效果,推进落实节水护水理念。日本注重建设宣传教育场所,与水相关的博物馆、科学馆众多,长期致力于提高节约及保护意识,因此日本民众有着强烈的水资源节约保护意识。

2.1 地理、经济及水资源利用概况

2.1.1 自然地理

日本是一个多山岛国,由本州、四国、九州和北海道 4 个大岛及 6 800 多个小岛组成,陆地面积为 37.8 万 km²。山地呈脊状分布于陆地中央,将国土分割为太平洋一侧和日本海一侧,山地和丘陵面积占总面积的 71%,国土森林覆盖率高达 67%。日本的平原主要分布在河流下游近海一带,多为冲积平原,规模较小,耕地十分有限。

日本属温带海洋性季风气候,终年温和湿润,6 月多梅雨,夏秋季多台风;是世界上降水量较多的地区,年均降水量约 1 700 mm,约为世界年均降水量的 1.8 倍,中国年均降水量的 2.6 倍。

全国可利用水资源总量约为 4 200 亿 m³,人均水资源占有量约为 3 400 m³,不足世界人均水资源占有量的一半,约为我国人均水资源量的 1.7 倍。境内河流流程短,水能资源丰富,最长的河流为信浓川,长约 367 km;最大的湖泊是琵琶

湖,面积 672.8 km^2。

日本人口约 1.26 亿,是世界上人口密度最大的国家之一。

2.1.2 经济及产业结构

日本是世界第三大经济体。2019 年 GDP 为 5.08 万亿美元,人均 GDP 为 4.02 万美元。

工业高度发达。工业增加值约占当年 GDP 的 29.2%(2017 年)。工业主要包括电子、家用电器、汽车、精密机械、造船、钢铁、化工和医药等,主要集中分布在日本太平洋沿岸城市群,包括东京、横滨、名古屋、大阪、神户等。

农业是高补助与受保护产业,政府鼓励小规模耕作。农业用地约 447 万 hm^2(2016 年),占土地面积的 12%。农业增加值为 577.97 亿美元,占 GDP 的比重为 1.19%(2017 年)。

服务业在世界范围处于领导地位,特别是银行业、金融业、航运业、保险业以及商业。服务业占 GDP(2017 年)的比重达到 69.12%[1]。

2.1.3 水资源利用

日本非常重视水资源的利用和管理,很早就在国家层面开展综合规划,尤其是在工业用水再循环、雨水及排水管理、节水、水处理技术和水的安全管理方面,逐步达到了精细化的程度。

近年来,日本年用水量呈现下降趋势。用水量高峰期出现在 1990~2000 年,当时的年实际用水量平均将近 890 m$^{3[2]}$。2016 年,日本总用水量约为 797 亿 m^3,其中农业用水

约为 538 亿 m³,占总用水量的 67.5%;工业用水约为 112 亿 m³,占总用水量的 14.1%;生活用水约为 147 亿 m³,占总用水量的 18.4%❶,日本人均综合用水量为 628 m³(2015 年)。万美元 GDP 用水量为 133.4 m³,万美元工业增加值用水量为 65.4 m³,是我国的 1/3,用水效率比较高。

2.2 水资源管理

日本水资源管理由国土交通省牵头,环境省、厚生劳动省、经济产业省和农林水产省四大部门之间协调合作。国土交通省主要负责水资源开发、利用和规划,环境省负责水污染及环境治理,厚生劳动省负责居民生活供水,经济产业省负责工业用水,农林水产省负责农业用水(见表 2-1)[3]。

除上述部门外,根据《水资源开发公团法》(1961 年),日本组建了半官方的水利机构——水资源开发公团,主要负责协助政府制定长期水资源规划,研究并管理日本七大水系,吸纳政府和社会资金建设水利工程等。

《河川法》是日本水资源管理的重要法律,最初颁布于明治时期的 1896 年,经历多次修订,最新修订于 2011 年。该法实行"水系一贯式"管理(类似于我国的流域管理),对流域管理原则、中央与地方政府分工、河流开发利用等做了规定[4]。

---

❶日本国土交通省网站,www.mlit.go.jp。

表 2-1　日本水资源管理中央行政机构设置及职责分工

机构名称	职责
国土交通省	1. 综合分析全国水资源,协调各相关部门推动水资源项目建设; 2. 综合治理河流,促进河流治水工程与综合开发工程顺利实施; 3. 负责建设完善排水设施,对各项水利设施的运行进行指导、监督和协调; 4. 规划、建设、管理和维护水资源设施
环境省	1. 制定水资源污染治理政策、法规及规划; 2. 监测河流、地下水、山川水等水体; 3. 监测和分析地面沉降情况; 4. 构建完善的环境指标
厚生劳动省	监督、管理城市居民供水情况
经济产业省	监督、管理工业供水情况
农林水产省	1. 适时调整农业水资源状况; 2. 有效保护森林水资源

为加强水资源研究开发,日本还制定了《水资源开发公团法》(1961 年)和《水资源开发促进法》(1961 年)。在水资源开发总体规划方面,日本先后于 1987 年和 1999 年制定了《国家水资源综合规划》,阐明水资源开发、保护和利用的基本方向。此外,与水相关的法律还包括《国土综合开发法》(1950 年)、《工业用水法》(1956 年)、《供水法》(1957 年)、《水污染防治法》(1973 年)等。2014 年,日本为加强水循环全过程管理和保护,颁布了《水循环基本法》,随后在 2015 年制定《水循环基本规划》,以落实《水循环基本法》的实施[5]。

2.3 重要节水政策与实践

2.3.1 水循环全过程管理

日本认为,水是生态系统不可或缺的要素之一,水的循环过程滋养了人们的生活,对产业和文化的发展起了重要作用。尤其是日本具有较高的森林覆盖率,更得益于水循环。近年来,随着城市地区人口密集化、气候变化、产业结构调整等变化,水的循环受到了影响,水短缺、水灾害、水污染等问题变得突出。

2.3.1.1 《水循环基本法》

《水循环基本法》于 2016 年开始正式实施(翻译全文见附录 1)。该法案的主要目的是维持健全的水循环,防止水资源的过度开发,促进水资源合理有效利用。主要内容包括:阐述水循环的基本理念和概念,明确不同类型机构的责任义务,确定总的实施方针,提出制定水循环基本规划的主要内容,说明应当遵循的基本政策(见表 2-2),提出设立水循环政策总部等机构,并重申设立水日[6]。

水循环政策总部隶属于内阁,主要负责:

(1)推进水循环基本规划的编制及实施。

(2)协调有关行政机关落实水循环基本规划的相关政策措施。

(3)水循环相关政策重要内容的筹划及综合调整等。

表 2-2 《水循环基本法》的政策内容

基本政策	具体内容
维护及改善蓄水、涵养功能	国家及地方公共团体应采取各种措施维护和改善流域储水、涵养功能,增加森林、河流、农田的雨水渗透和水源涵养能力,对市政水循环设备进行整修和维护等
促进水资源合理、有效利用	国家及地方公共团体要合理有效利用水资源,同时应采取有效措施避免供水不足、水污染等对水循环产生的不利影响
推进流域合作	国家及地方公共团体努力寻求推进相互合作,制定流域水循环管理制度;采取必要的措施,保证地方居民可以对流域管理提出意见建议
推进健全的水循环教育	国家应采取必要的措施,加深国民对健全水循环重要性的认识,推进有关学校教育和社会教育的普及
促进民间团体等开展自发活动	由企事业、国民等构成的民间团体应自发开展维持或恢复健全水循环的相关活动
水循环政策调查	调查并评估水循环实施现状
科学技术的发展	购置试验设备、推进研究开发和成果普及、培养研究人员等
推进国际合作	国家应推进维持和恢复健全水循环、水的合理有效利用技术等的国际合作

总部部长为内阁总理大臣,副部长由内阁官房长官(相当于政府秘书长)及水循环政策担当大臣担任。总部下设 2 个机构:水循环政策总部干事会和内阁官房水循环政策总部事务局,指导相关的地方机构工作(见图 2-1)。

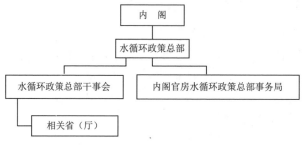

图 2-1 水循环政策总部组织机构

2.3.1.2 《水循环基本规划》

为落实《水循环基本法》,日本政府于 2015 年制定了《水循环基本规划》(摘译见附录 2),并提供必要的财政经费。《水循环基本规划》从节约用水、流域一体化管理、贮存涵养水源、水资源有效利用、加强水循环教育等若干方面,提出了具体措施(见表 2-3)。

表 2-3　《水循环基本规划》的节水相关措施[7]

领域	具体措施
节约用水	普及节水技术; 采用节水型设备、设施; 干旱期提供信息共享和技术支持
流域一体化管理	共享水量、水质、水资源利用、地下水、水环境等水循环数据
贮存涵养水源	促进在民间建立雨水贮存渗滤设施; 推进建设滨水空间
水资源有效利用	稳定供排水,构筑可持续的污水处理系统; 应对灾害,强化应急供水体制和污水处理设施网络化功能; 维护和更新改造河流设施、供排水设施; 促进雨水和再生水利用; 推进新技术开发应用
加强水循环教育	开发小学、初中和高中阶段水循环学习指导课程; 打造水循环教育机构; 推动民间团体和研究机构的活动

为评估《水循环基本法》的实施效果,水循环政策总部自 2016 年开始每年发布《水循环政策白皮书》,向政府及公众报告国家水循环的现状、存在的问题、水循环基本规划要求采取的各种措施及其实施情况等。

2.3.2　非常规水源利用

2.3.2.1　雨水利用

日本有关推进雨水利用的法律(2014 年第 17 号法)规定,地方公共团体应根据本地区的自然社会条件,采取措施推进雨水利用。《水循环基本规划》也对雨水利用和再生水利用提出了具体措施,包括在建筑物中设置雨水利用设施和污水处理设施,推进更高效率的膜处理等水处理技术、水质监测技术等的使用,相关现状调查和安全性、环境负荷研究等。

水循环政策总部制作并发布了指南、标准和案例集。为便于各都、道、府、县实施水循环计划,指南对雨水利用效果和技术进行了总结和宣传。截至 2016 年末,全国利用雨水的公共设施、写字楼等共有 3 370 处。2018 年的雨水用途调查结果显示,每年使用的雨水量约为 1 089 万 m^3,使用雨水的设施情况为:抽水厕所 2 269 处、洒水 1 915 处、清洁用水 545处、消防用水 433 处、冷却用水 299 处、景观维护用水 298 处等。近年来,日本的雨水利用设施在不断增加,雨水的使用减少了对现有水资源的利用,达到了节水的目的。

在东京,雨水收集和利用设施随处可见。在地标性建筑东京晴空塔,雨水收集后贮存在地下蓄水池,只需用砂子过滤杂质,不需其他消毒手段,就可以用于清洁厕所、浇灌地面和屋顶花园,有效节省了 16% 的自来水消耗量。东京还采取多种措施提高路面渗透能力,在避免洪水的同时,使雨水成为地下水的重要补给,促进生态水循环。2001 年,东京制定《东京都雨水渗透指南》,通过修建透水性路面、侧沟、透水池、绿地等设施,使屋顶、庭院、运动场等场所的雨水渗入地下,避免积水。东京都各区政府还积极鼓励居民在自家住宅安装雨水桶和雨水渗透系统,推出相应的补贴政策。例如,在东京都目黑区,政府对于私人住宅安装雨水桶和雨水渗透系统最多可分别发放 5.6 万日元、40 万日元补贴,居民可在施工前凭施工计划和设计图到政府部门进行申请。在公共

部门和居民的共同努力下,雨水利用已经融入东京市民的日常生活,成为一种生活理念[8]。

2.3.2.2　再生水利用

推进再生水的利用,可缓解部分地区的缺水压力。国土交通省出台多项政策。2005 年 4 月,制定《污水处理再利用水质标准手册》,明确抽水厕所用水、洒水用水、景观维护用水等相应的水质标准;2014 年 7 月,制定"新下水道愿景",提出了利用再生水、加倍增设再生水供给设施等目标,并提出了应采取的具体措施;2017 年 8 月,制定"新下水道愿景加速战略",再生水的利用被进一步定位为"应重点强化和推进"的项目。此外,国土交通省公布了案例集,总结在缺水等情况下如何紧急使用污水再生水的方案。

日本的再生水利用设施主要分布在水资源短缺的关东临海地区(东京、横滨等)及频繁出现干旱和缺水现象的地区,如福冈等[9]。

福冈市再生水利用

福冈市于 1979 年开始实施"再生水循环利用示范"工程,1980 年正式使用再生水。

2003 年,福冈市出台《再生水利用下水道事业条例》,大力推动再生水的使用。此外,《福冈市节水推进条例》中明确规定:市区内建筑面积 5 000 m² 以上的新建、增建建筑物,其厕所应安装杂用水管道。

在再生水的生产过程中,福冈市的再生水生产工艺也在不断提高。例如,为去除再生水中的铁、锰成分,福冈市引进了在砂率工艺之前,先进行臭氧处理的工艺,使溶解性的铁、锰氧化析出,然后在过滤处理中将已经氧化析出的金属去除。

近年来,日本的再生水利用量不断提高。《2017 年水循环政策实施白皮书》显示,日本年污水处理量达 154.6 亿 m³,

其中再生水使用量为 2.1 亿 m^3,占污水处理量的 1.3%。根据再生水用途来看,以景观维护用水、河川维护用水等为主。再生水使用量的增长近年持平。另外,干旱缺水时,再生水大多作为路面、农业、消防等用水。通过再生水的使用,一方面提高了水资源利用效率,另一方面也缓解了缺水地区的供需矛盾。

2.3.3 供水管网漏损控制

日本是世界城镇化率最高的国家之一,远高于中国城镇化率。日本致力于采取多种措施,不断降低管网的漏损率,提高供水的有效利用率。数据显示,日本公共供水的有效利用率不断提高,从 1965 年的 74.7% 增加至 2015 年的 94.3%,许多城市供水管网漏损率甚至不足 5%,从世界范围看也是极高水平,上海作为发达城市,其管网漏损率仍与日本管网漏损率有相当差距,上海 2018 年管网漏损率仍达 10.2%[10]。

2015 年,日本由于有效利用率改善而节约的水量约达 50 亿 m^3,相当于当年全国生活用水量的 30% 左右。在国际水务情报(GWI)2020 年的评价中,日本得到了"无可挑剔的管网"的评价,足以证明日本管网管理的成功。

2.3.3.1 供水管网漏损管理历程

日本非常重视管网的漏损管理,以东京为例,该城市的漏损管理大致分成以下几个阶段[11]:

1913~1945 年:漏损检测的起步期。东京都水道局早在 1913 年就开始关注供水管网系统的漏损检测,并开展了相关研究,采用流量计和听音棒分别来确定漏失水量和漏损

位置。

1945～1960年：战后恢复时期。东京都水道局采取了战后供水漏损预防的应急措施，包括"地表漏损控制"和"地下漏损控制"措施。首先在受到战争破坏区域安装铅制管道，并在地面安装阀门，通过阀门控制减少地表的漏水量；然后扩大到整个东京。1949年，东京都水道局开始采取高性能的漏损检测器和管道定位器进行漏损控制，并制定了为期4年的漏损控制计划；1956年开始实施第二期漏损控制计划。

1960～1974年：经济快速增长时期。东京都水道局加快设施建设步伐，制定详细的漏损预防工作计划，提高设施的供水能力。为了提高工作效率，东京都水道局还研究采用先进的漏损检测技术，包括听音检测法、相关位置检测法、夜间最小流量检测法等。此外，更换管网材质也是东京漏损控制的重要手段之一。

1975年以后：有效的管网漏损预防管理。通过制定详细的管网漏损预防工作指南，东京都水道局采用不同的漏损检测技术和维修技术，防止漏损事件发生，进一步降低东京供水管网漏损率。

2.3.3.2　供水管网漏损管理方式

供水管网的漏损管理是节水管理的重要环节。日本城镇化水平高，因此非常重视供水管网的漏损预防与管理。采取的管理方式主要包括高效维修和压力管理等[12]。

1.高效维修

为了尽早发现漏水和早修理漏水部位，东京都水道局实施了防漏损的常规性计划和机动性计划。

常规性计划：以一定的长度划分埋设好的网眼状配水

54

管,将其作为一个分区进行管理,有计划地调查每个分区的漏水情况。通过计划作业,2016 年发现约 83 万 m^3(相当于 380 万人单日用水量)的漏损并进行了维修。2017 年 7 月,由于该防漏损计划作业大幅改善了漏损率,其可持续性和工作效率受到高度评价,获得国土交通省主办的第一届基础设施维修奖的优秀奖。

机动性计划:东京都水道局分所(现场管理事务所)以及供水管理事务所的职员 24 小时值班,对用水者上报和职员巡逻等发现的漏水部位进行及时维修。

2. 压力管理

由于 1978 年异常缺水,福冈市自 1981 年开始引进供水调整系统,24 小时集中控制市内水管的流量和水压。通过在市内安装了约 300 处远程监控装置,将监测到的水压、流量、电动阀开度的数据实时输送到水管理中心,水管理中心根据收集到的数据随时调整电动阀以维持适当的水压,通过降低 $0.1 \sim 0.2$ MPa 的水压减轻对水管造成的负荷,抑制漏水量,最终提高水资源有效利用率。

2.3.4 干旱应对措施

受气候变化影响,枯水年发生的频率不断增加,范围不断扩大,日本水资源管理部门开始探索和实践利用水权"储存"以应对水资源的短缺。水权"储存"是指在水库及水资源开发设施中储存水权,即对现有水库及新开发的水利设施,因使用者进行节水而减少的取水流量,可以作为额外的水权"储存起来"。在枯水季节,在满足河流基本流量的前提下,可以使用这部分额外的水权。

为应对局部地区的异常缺水,水资源管理部门鼓励用水者之间进行水权转让。对于这种形式的水权转让,只进行简单的审查,不再与相关行政部门进行协商,达到通过用水者之间的水权转让解决部分用水者水资源短缺问题的目的。

当水资源短缺情况严重时,比如当水库的蓄水量减少到一定水位以下,将启动取水限制措施,即按照一定的比例限制河流取水量。政府部门、供水企业、社会团体等社会各界,均根据各自的渠道呼吁公众节水,宣传水短缺信息、取水限制措施及可能的损失,并向公众讲授节水技巧等。

2.3.4.1 政府举措

如果预计干旱会对国民生活和经济活动产生重大影响,内阁官房将牵头召开"省厅水短缺对策会议",推进信息共享,协调相关行政机构落实各项措施,以应对水短缺。

在干旱期间,各个行政机构将采取以下行动:

(1)国土交通省成立"国土交通省缺水对策总部",分享水短缺有关的信息,呼吁国民节水,并通过"水短缺调整协商会议",采取必要的措施,确保用水户之间顺利调整取水量。

(2)厚生劳动省牵头相关都道府县成立"自来水缺水对策联络会"。厚生劳动省负责从相关都道府县收集缺水信息并进行及时分享。当实施供水限制给人民生活和经济活动带来严重影响时,厚生劳动省将在医药生活卫生局内成立"自来水缺水对策总部",加强与相关省厅、都道府县、自来水企业以及自来水协会等相关机构的协调协作,同时向国民提供缺水形势信息,并开展有关节水的宣传。

(3)农林水产省成立"农业用水紧急节水对策总部"。由农林水产省副大臣担任总部长,主要负责组织收集取水限制区农业受到的影响、节水措施的实施情况等相关信息,确定综合缺水应对对策,向各地方农政局等相关机构提供指导和建议。此外,"农业用水紧急节水对策总部"还将采取其他预防措施,减少水短缺可能带来的损失,比如发放宣传节水的海报和手册,提供灾害应急物资等。

(4)经济产业省将通过各地方经济产业局,调查取水限制给企业生产活动带来的影响,也将通过限制取水地区的经济产业局网站,公布限制取水情况并呼吁节水。

2.3.4.2 供水企业举措

除取水限制措施外,供水企业将实施减压供水和分时供水等措施减少供水量。当减压供水和分时供水措施导致部分用户断水或缺水,供水企业启动应急供水。供水企业详细了解断水、缺水的情况,计算应急供水量,制定应急供水计划,确定应急供水的方法、人员、车辆等详细方案,并使用供水车实施该计划。如果供水企业无法单独完成应急供水,可与相关团体协作完成应急供水,如日本水道协会等。

在灌溉供水方面,将实施限制措施,如减少农田夜间灌水量、隔日供水、灌溉排水的回收再利用等。

2.3.5 精细化水价体系

与其他发达国家相比,日本的人均用水量相对较多,可能源于日本民众不同于其他国家民众的用水习惯,比如喜欢泡澡等。受高昂水价影响,日本民众也有比较强的节水意识,通常会将泡澡用水用来洗衣服、冲厕所等。水价的精细化,在一定程度上调节了公众的用水行为习惯。

日本水价的制定既考虑了供水单位的运营成本,也体现

了水资源本身的价值。定价之前,一般由"水道协会"(由日本的供水单位联合成立)编写研究报告,为水价制定提供依据和参考。在定价过程中,水资源主管部门将综合考虑供水单位的经营状况、运行经费等情况,以及用水者 5 年以内用水量、经济情况和水质设施工程开支等多方面因素。

不同用途的用水,水价机制不同。农业用水水价主要涵盖水利综合费用、抽水项目费用和抽水项目设施费用等,按照灌溉面积收取水费;工业用水价格根据水管规格、用水量、企业用水类型确定水费;生活用水水价根据水管规格和用水量制定。此外,一些城市单独收取污水处理费。

与其他国家相比,日本生活用水和工业用水的水价体系更具特色。例如东京,按照管径规格、用水量的不同,制定了一套精细的水价体系。同时,东京的生活用水、工业用水的定价体系不同,污水处理费不包括在水费中,需单独缴纳[13]。

2.3.5.1　东京生活用水水价制度

为了保证用水公平和收费标准明确,东京生活用水采用管径差别收费制度,即根据水表连接管径的不同,制定不同的水价。水费包括基本水费和计量水费,基本水费每月按照管径规格确定的收费标准缴纳(不论是否用水);计量水费根据用水量缴纳。基本水费是供水单位用来负担自来水净化和水管等设施的建设与维修的固定费用;计量水费是供水单位用来负担自来水净化的药品费和动力费等费用。此外,用水户还需缴纳消费税,一般为基本水费与计量水费之和的 5%。

东京生活用水的水价,根据居民用水量和水管规格,划分的阶梯比较多。水管管径越小,水价阶梯越多。尤其是在

13 mm、20 mm、25 mm 这三种最小的水管规格下,水价的基本
水费部分分别为 860 日元、1 170 日元和 1 460 日元,月计量
水费又分为 9 个阶梯(见表 2-4),每人每月用水量在 1~5 m^3
的不收取阶梯水费,以此来保障居民的基本生活用水;随着
用水量的增加,月计量水价增加幅度很大,例如每人每月用
水量在 11~20 m^3 的月计量水价是 6~10 m^3 的 6 倍。

表 2-4　最小管径的月计量水价设置

用水量/m^3	月计量水价/(日元/m^3)
1~5	0
6~10	22
11~20	128
21~30	163
31~50	202
51~100	213
101~200	298
201~1 000	372
>1 000	404

同时,管径越粗,基本水费增加越多,月计量水价也更
高,例如:超过 300 mm 的管径,对应的基本水费为 81.6 万日
元,月计量水费为 404 日元/m^3;最小管径的基本水费 860
日元。

2.3.5.2　东京工业用水水价制度

东京工业水价实行两部制(固定费用+可变费用)加阶梯
定价的方式。固定费用根据水管规格确定,水管规格越大,
固定费用越高。如水管规格为 25 mm 的固定费用为 23.34
元/m^3,水管规格为 200 mm 的固定费用为 381.15 元/m^3。可
变费用不仅规定了与用水量相关的阶梯水价,还规定了每个
企业的用水定额,定额内也实行阶梯水价,第一级水价为

1.76 元/m³,第二级水价为 3.89 元/m³;超定额水价为 9.6
元/m³。

表 2-5　不同管径的基本水费设置

管径/mm	基本水费/日元	管径/mm	基本水费/日元
13	860	75	45 623
20	1 170	100	94 568
25	1 460	150	159 094
30	3 435	200	349 434
40	3 865	250	480 135
50	20 720	>300	816 145

这种定价方式比较复杂,但是可以更为充分地发挥价格
杠杆的作用,提高水资源利用效率,有效促进节水。特别是
定额内采用阶梯水价的方式,且第二级水价比第一级水价超
出 1 倍的力度,可以极大地鼓励企业提高水资源利用效率的
积极性。

2.3.5.3　东京污水处理收费制度

东京地区污水处理费根据排放的规模收取费用,污水排
放量越多,污水处理费越高。所有用户的污水处理费有最低
收费标准,在污水排放量为 0~8 m³,按 34.04 元/m³ 收取污
水处理费,超过 8 m³ 以上的用水实行累进叠加收费。阶梯价
格分为 8 段,最低阶收费标准为污水排放量在 8~20 m³ 按加
价 6.69 元/m³ 收费,最高为排放量大于 1 001 m³,按加价
20.97 元/m³ 收费 。通过阶梯收费的方式,促使企业少排污。
排污量的减少,同时是用水量的减少,从而实现节约用水。

2.3.6　注重节水宣传教育

为了加深公众对水资源宝贵性和重要性的意识,设立水日。日本政府于 1977 年将 8 月 1 日定为"水日",将 8 月 1~7 日定为"水周"。在此期间,开展多项与水相关的宣传活动,提高公众对水的关注程度。每年国家及地方政府等都会举办与水日相关的活动,比如与水亲近的体验活动等。根据《2017 年水循环政策实施白皮书》,该年度 44 个都道府县共举办了 208 场相关活动。

重视节水宣传。在许多学生文具、厨房等用品上印制节水标记,拍摄面向儿童的节水影片,水资源开发公团和水资源协会等专业机构经常开展提高节水意识、普及节水方法的宣传活动[14]。

此外,建立各种博物馆、科学馆,宣传水相关知识,培养公民爱水、节水。东京建有"水科学博物馆"及"自来水历史博物馆"等,采用图片、模型、多媒体、实验、游戏等方式,展示水资源、水源地、净水工艺、自来水、漏水等知识,引导公众了解水、认识与水的关系、学习使用水及爱护水等[15]。

"关于水循环的民意调查"(2014 年)结果显示,回答"自己正在节水"或"非要说的话,我认为自己节水"的人为 80.5%,与过去的调查相比,节水意识稳步提高,节水宣传活动对于提高民众的节水意识是有效的。

香川县案例

（1）由县和市町相关人员组成的节水型城市建设推进协议会为小学四年级的学生制作并分发相关读本，推进有关节水的学习。

（2）举办面向初一学生的"香川水源巡游之旅"活动，促进学生对自来水管道结构和对水的历史等的理解。自1994年带领学生参观位于高知县的早明浦水坝等水源设施开始；2017年，参加"香川水源巡游之旅"活动的学生已超过4 000名。

（3）在用水量增多的8月举办"节水周"活动

丰田公司案例

自2012年，丰田汽车销售公司（日本）以混合动力车"AQUA"车名，即"水"为主题，与47个都道府县当地报社和环境活动团体合作，每年举办上百次保护水的活动。主要方式：借助"AQUA"混合动力车的宣传推广，开展清洁河流和湖泊、驱除外来物种、植树，以及放养真鳟、香鱼等保护本地物种的活动，各地的企业、地方自治团体、大学、专科学校等广泛参与了这些活动。

该公司构建的这项帮助企业、社会、个人三者共同成长的"共成长营销"活动，完美兼顾了商品推广和社会贡献，受到高度评价，获第18届日本水大奖的经济产业大臣奖

参考文献

[1]世界各国服务业增加值占GDP比重. https://www.kylc.com/stats/global/yearly_overview/g_service_value_added_in_gdp.html.

[2]王学睿.日本对水资源的精细化管理及利用[J].全球科技经济瞭望，2013，28(11):19-25.

[3]董石桃,艾云杰.日本水资源管理的运行机制及其借鉴[J].中国行政管理,2016(5):146-151.

[4]高琪.论日本河川法中的居民参与[C].中国法学会环境资源法

学研究会、水利部、河海大学.水资源可持续利用与水生态环境保护的法律问题研究——2008 年全国环境资源法学研讨会(年会)论文集.中国法学会环境资源法学研究会,水利部,河海大学:中国法学会环境资源法学研究会,2008:67-71.

[5]刘登伟,常远.日本《水循环基本法案》分析及对我国启示[J].水利发展研究,2017(1):76-79.

[6]水循環基本法｜水循環について｜内閣官房水循環政策本部事務局 https://www.cas.go.jp/jp/seisaku/mizu_junkan/about/basic_law.html.

[7]水循環基本計画｜水循環政策本部 https://www.kantei.go.jp/jp/singi/mizu_junkan/kihon_keikaku.html.

[8]东京——雨水利用融入日常生活(他山之石·走进一座城).http://world.people.com.cn/n1/2020/0812/c1002-31818873.html.

[9]张昱,刘超,杨敏.日本城市污水再生利用方面的经验分析[J].环境工程学报,2011,5(06):1221-1226.

[10]市水务局(市海洋局)2019 年工作报告_上海水务海洋.http://swj.sh.gov.cn/gzbg/20200814/0252937c344a4655a332caf496a416d0.html.

[11]钟丽锦,傅涛,孔德艳.日本东京供水管网的漏损预防管理[J].环境科学与管理,2010,35(2):1-4,30.

[12]水循環白書(2018 年).内閣官房水循環政策本部事務局.https://www.cas.go.jp/jp/seisaku/mizu_junkan/materials/materials/white_paper.html

[13]事業年報平成 30 年度.水道事業紹介.東京都水道局.https://www.waterworks.metro.tokyo.jp/suidojigyo/gaiyou/nenpou_h30.html

[14]葛斌昂.日本人节水面面观[J].地理教育,2012(Z1):36.

[15]東京都水の科学館.TOKYO WATER SCIENCE MUSEUM.http://www.mizunokagaku.jp/.

第3章 新加坡

提 要

新加坡国土面积狭小,尽管降水量丰富,但是由于缺乏集雨面积,淡水资源严重匮乏,建国初期高度依赖马来西亚的"进口水",人均水资源占有量仅 124 m³,居世界倒数第二位。

新加坡作为城市型国家,要节水,还要发展经济,节约用水不但要从水上着手,必须抓节水、调结构双管齐下。新加坡将水战略确定为国家战略,开源与节流并举。通过"四大水喉"供水规划,从雨水收集、新生水(再生水)和海水淡化几个方面开拓水源;利用水价、资源税、强制性水效标签计划等经济手段,以及公众教育的方式调节用水行为,用水效率得到极大提高。政府高度培育金融、通信、贸易等行业,使得服务业在经济结构中占有重要地位,占 GDP 比重超过75%,良好的水治理和耗水少的产业发展结构,保证了新加坡几十年来的良好发展,使新加坡有望在 2060 年实现供水的自给自足。

新加坡的节水成就还得益于其水资源管理体制的集中统一。公用事业局是新加坡唯一的水管理机构,职能涵盖了供水、排水、新生水、节约用水,以及管理智慧化、科研、公共教育和宣传等多个方面。统一的水资源管理体制,确保了水资源管理政策的统一性和执行的有效性。

开发节水新技术也是新加坡节水的重要特色。新加坡实现海水淡化量产,通过"向海水要淡水"计划,积极发展海水淡化产业,满足了30%的用水需求,并持续探索减少能耗的方法。水处理技术也成为经济增长的引擎,智能用水设备得到大力推广应用,深隧道污水收集处理等技术被示范采用。目前,新加坡已有一批世界知名的水务公司,新加坡国际水周的影响力逐步增强。根据GWI 2020年的评价,新加坡水务竞争力全球领先,被评价为"引领世界"。

新加坡模式对我国城市节水,尤其是南方岛屿城市的水资源管理有借鉴意义,可持续关注新加坡的水治理成效、前瞻性政策效果以及创新技术和经验等。

3.1 地理、经济及水资源利用概况

3.1.1 自然地理

新加坡位于马来半岛南端,北隔柔佛海峡与马来西亚相邻,南隔新加坡海峡与印度尼西亚相望,由新加坡岛及附近63个小岛组成。新加坡岛东西跨度约50 km,南北跨度约26 km,地势低平,平均海拔15 m,最高峰163.63 m,海岸线长200余 km。20世纪60年代,新加坡陆地面积581.5 km^2。经

过多年填海造地,截至 2018 年 12 月,国土面积达到 724.4 km²;同期总人口为 564 万。

新加坡属热带雨林气候,气温年温差和日温差小,年均降水量在 2 330 mm 左右,湿度介于 65% ~ 90%,共有 32 条主要河流,由于地形所限,都颇为短小。最长的河流是加冷河,长度约 3 km。大部分的河流被改造成蓄水池为居民提供饮用水源。

新加坡年均水资源总量仅为 6 亿 m³,人均水资源占有量约为 124 m³,居世界倒数第二位[1],与北京的人均水资源量(145 m³)接近。由于是城市型国家,虽然年降水量丰富,但没有集雨面积储存雨水,新加坡一直面临着淡水资源严重匮乏的问题。

3.1.2 经济及产业结构

新加坡经济发达,是第四大国际金融中心,是亚洲重要的服务和航运中心之一。2019 年 GDP 为 3 720 亿美元,人均 GDP 为 6.52 万美元。

工业主要包括制造业和建筑业,制造业产品主要包括电子、化学与化工、生物医药、精密机械、交通设备、石油产品、炼油等,工业增加值占 GDP 的比例为 25.20%。服务业扮演着重要的经济角色,主要包括批发零售业(含贸易服务业)、商务、交通与通信、金融等,服务业增加值占 GDP 的比例为 74.78%。农业增加值占比极低,占 GDP 的比例仅为 0.02%(2018 年)[2]。

3.1.3 水资源利用

建国初期,新加坡面临严重的水资源短缺和水污染问题,甚至严重到饮水安全都无法保障。由于新加坡国土面积仅数百平方千米,受土地面积限制,收集全部降水困难,本土自产水资源极为有限,水资源严重依赖从马来西亚进口。水的供需矛盾大,用水需求增长迅速。后来逐步推行开源节流,形成多元化用水保障。

新加坡年用水量约 7.1 亿 m^3(2020 年),其中生活用水占 45%,非生活用水占 55%。供水组成中,新生水占 40%,淡化海水占 30%,地表水占 30%(含进口水)。新生水和淡化海水的比例越来越高,地表水(含进口水)的比例逐步降低(见图 3-1)。

图 3-1 新加坡供水组成变化

根据预测,随着人口增长和经济发展,到 2060 年,新加坡用水需求将翻倍,非生活用水占比将达到 70%。供水组成中,新生水占 55%,淡化海水占 30%,地表水(含进口水)占 15%(新加坡公用事业局,www. pub. gov. sg)。到 2061 年,即新加坡与马来西亚的供水协议到期之前,新加坡有望实现水资源自给自足。

3.2 水资源管理

3.2.1 水资源治理历程及管理机构

新加坡政府将水作为国家战略,从法规制度的顶层设计开始,逐步推进实施长期供水规划及水质提升计划,已进入了长效治水、持续提升的良性循环阶段,治水效果得到了全世界的瞩目。

新加坡的水资源治理主要分为三个主要阶段:

1965~1977 年:奠基阶段。因国土面积小,本土自产水资源有限,水资源总量严重不足。建国初期,新加坡 80% 的用水依赖邻国马来西亚进口。建国后,新加坡用水需求持续快速上涨,供需缺口持续扩大,5 年内用水需求增长了 60%。同时,面临着严重的水污染,被生活污水、工业污水、猪鸭养殖等各类污水环绕,新加坡河和加冷河一年四季恶臭四溢,周围海域布满了垃圾,饮用水安全无法保障,一度实行水配给制[3]。治水举步维艰,困难重重,处于摸索和理顺的过程,在治水的立法、执法、规划、工程等各领域做了大量基础工作,但水质并未如预期改善。

1977~2001 年:水质提升阶段。1977 年,李光耀总理号召在新加坡河和加冷河流域发起"十年清河,十年河清"行动,希望利用十年时间改善水质、改进水环境,实现可以"在新加坡河里垂钓,在加冷河里捕鱼"。该项行动斥资 60 亿新元,占新加坡同期 GDP 的 1.5%~3%,成为推动水资源治理效果量变到质变的标杆工程。随后,由于其取得实效,新加坡河和加冷流域的经验做法被复制推广至全国其他集水区,立法、执法、规划等各项工作也在这一过程中逐步理顺和落实。

2001年后至今,长效治理阶段。新加坡完成体制改革,将公用事业局划归环境部,将环境部污水处理和污水处理系统的管理职能与公用事业局原有职能整合,使得新的公用事业局职能涵盖了供水及供水系统管理、污水及污水处理系统管理、雨水收集利用、海水淡化、公共教育和宣传等多个方面,公用事业局成为新加坡综合性水管理机构。

随着智能技术的发展,为了进一步加强需求管理,减少运行费用,减少人工局限,应对气候变化,公用事业局在水资源管理中制定了智慧管理路线图,通过数字化和信息化手段提高水资源利用效率,改进水服务质量。

3.2.2 主要法律法规

经过几十年的发展,新加坡也形成了比较完善的水资源法律法规体系,主要包括:《水源污染管理及排水法令》《废水和排水系统法》《公用事业(供水)条例》(其中的"用水效率管理措施"部分2018版摘译见附录3)《公用事业(中心集水区和集水区公园)条例》《畜牧法令》及《公共环境卫生法令》等。在完善法规体系基础上,新加坡执法非常严苛。《公共环境卫生法令》规定,违反该法丢弃废弃物将被处罚最高500新元,再犯则被处以最高2 000新元的罚款,而当时新加坡人均年收入只有1 000新元,因此几乎所有的违法者都选择立即认罪以减轻处罚,并不敢再犯。该法同时设置了极具争议的推定条款,即"房屋正面发现的任何废弃物,若无实证,则被推定为房屋占用人所为",引导公众相互监督违法行为。《水源污染管理及排水法令》实施后,污染行为在罚款基

础上又增加了监禁处罚。

3.3　重要节水政策与实践

　　新加坡水资源严重不足,经济的发展受到水资源的限制。如何在严重缺水的条件下发展经济一直是困扰新加坡的难题。为解决该难题,新加坡政府重视在开源的同时,采取多种措施节约用水,推出了水效标签计划、节水补助、节水奖励等政策。在完善的法律法规保障下,建立了一套严格的执法机制和执法程序,以硬性的执法主体和多样化的执法手段构成有效监管体系,从根本上杜绝水资源浪费和水污染事件的发生。

　　新加坡的节水政策与措施有力地保障了经济的发展。新加坡建国后,先是发展劳动密集型产业,然后逐渐升级到技术密集型、资本密集型,再到现在的知识密集型工业。在这一过程中,用水效率不断提高。万美元 GDP 用水量为 21 m^3,万美元工业增加值用水量为 47 m^3(2017 年),处于世界先进行列。

3.3.1　将治水作为国家战略

　　新加坡前总理李光耀曾说:"在活命水面前,其他政策都得下跪。"新加坡政府将治水作为这个缺水国家的立国之本,依靠体制改革、资金投入、法制建设、规划工程、科技产业和社会参与等多方面努力,举全国之力,加强顶层法律法规设计,完善水管理体制。新加坡采取了"四大水喉"长期供水规划、"活跃(Active)、优美(Beautiful)、清洁(Clean)的水域计划"(简称"ABC 水计划")等举措,制定了明确的目标和长远的规划,开发海水淡化技术和废水深度再利用技术等,开源与节流并重,全面提升水安全状况,形成了独具特色的水战略。

3.3.1.1 "四大水喉"供水规划

新加坡按照"收集每一滴雨水、收集每一滴污水、多次回收每一滴水"的持续供水原则,实施长期供水策略——国家"四大水喉"规划,即充分利用本地雨水、进口水、新生水及淡化海水,实现供水水源的多元化,以确保新加坡的水资源能够满足日益增长和多样化的需求,逐步降低对进口水的依赖。

进口水。1962 年,新加坡议会与马来西亚柔佛州政府签署了一份为期 99 年的供水协议,使新加坡享有从柔佛河取水的权利,上限为每天 2.5 亿 gal(约 113.65 万 m^3),同时新加坡需向柔佛州提供进口水量 2% 的自来水。协议签订之初,由于河流流速限制,柔佛河水厂设计产量仅为 1.2 亿 gal/d,为尽可能抽取到协议中所允许的水量,新加坡于 1990 年与柔佛州签署补充协议,通过在柔佛河水厂上游建设林桂坝蓄水。至 2001 年,新加坡从柔佛河取水量达到上限值,合计每年取水约 4.12 亿 m^3。扩增的取水量满足了新加坡日益增长的用水需求,也为进一步探索当时仍过于昂贵且技术上不成熟的非常规水资源争取了时间。

雨水收集。新加坡是世界上少有的大量收集雨水作为饮用水的国家。自 2011 年以来,雨水收集面积已经从占国土面积的 1/2 增加到 2/3。公用事业局一直在探索如何最大化雨水收集量,期望能够收集每一滴雨水。雨水收集系统与下水道系统完全分离,雨水通过排水管网、运河、河道等进入水库,处理后作为饮用水,完全实现了雨污分流。

新生水。新加坡于 1986 年开始审慎探索大规模污水处理回用方案,主要是将工业废水、生活污水经过二级处理,再经过先进的反渗透膜技术与紫外线消毒进一步净化,从而得到高质量、超纯净和可安全饮用的水,新加坡人称之为"新生水"。考虑到密集的城市景观和有限的土地,新加坡新近开发并投入使用的深隧道污水收集处理技术(DTSS)已经日臻成熟。它通过深层污水隧道将全岛污水输送到位于沿海地区的再水生厂,经过处理的污水或者被进一步净化成超清洁、可饮用的新生水,或者通过排污口排放到大海,满足长远的污水回收、处理、再生利用和排放的需求。尽管新生水在质量方面可以保证安全饮用,但主要还是作为工业和商业用途。比如,为减少耗水,商业大厦冷却系统往往重复使用冷却水,直到水的浊度达到饱和值;芯片制造厂商更青睐于使用新生水清洗芯片,因为新生水更为纯净,循环使用的次数更多,价格比自来水便宜至少 10%。少部分的新生水混入蓄水池中的原水,然后经过处理作为家庭用水。新加坡共有 5 座新生水厂。为了让公众接受新生水,新加坡政府使用一个新的术语"用过的水(used water)"来代替"污水(sewage)",以鼓励公众把水看作是一种可再生资源。同时,新加坡政府领导人在多个场合宣传新生水,支持新生水的使用。

海水淡化。新加坡四面环海,海水资源丰富,具有积极发展海水淡化产业的基础条件。1998 年,新加坡开始实施"向海水要淡水"计划,除政府自行设计、建造和营运外,还鼓励私人企业参与。新加坡目前有 4 家海水淡化厂,年产水 2.6 亿 m^3;另外 1 家海水淡化厂(裕廊岛)计划于 2021 年建成。海水淡化工艺主要采用的是反渗透技术。为确保海水淡化的可持续性,公用事业局也在探索减少能耗的方法,目标是将海水淡化的耗电量从目前的 $3.5 \ kW \cdot h/m^3$,降低到 $1.5 \ kW \cdot h/m^3$,在未来最终降到 $1 \ kW \cdot h/m^3$。

表 3-1　已投产的海水淡化厂

名称	投产日期	日产量 /万 m³	年产量 /亿 m³
新泉	2005 年	13.7	0.5
大泉	2013 年	31.8	1.2
大士	2018 年	13.7	0.5
吉宝	2021 年	11.4	0.4
合计		70.6	2.6

3.3.1.2　ABC 水计划

2006 年,新加坡公用事业局以营造"活跃(Active)、优美(Beautiful)、清洁(Clean)的水域"为目标,推出了"ABC 水计划"。该计划的主要目的是通过改进非常规水源工程的功能,增加水景观,建设亲水建筑,开发水的娱乐功能,改善水环境。

主要内容包括:①通过清淤疏浚、建设湿地、美化河道两岸环境,以及配套建立休闲娱乐设施,使 17 座蓄水池、32 条主要河道和 7 000 km 排水渠道具有防洪及收集雨水等功能的同时,为居民提供亲水乐园,变成居民旅游休闲场所;②通过雨水花园、生态水源净化系统、生态净化槽及人工湿地等设计,将净化雨水的元素融入建筑设计,使建筑在为社会提供活动场所的同时,具有减缓雨水流速、净化雨水及促进生态多样性等功能。

为实施"ABC 水计划",公用事业局推出了相关设计指南,举办以绿色建筑设计经理为主要对象的培训课程,深化

建筑设计师对水源设计理念及原则等的认识,指导公共和私人建筑项目的环境设计,提高开发商建造全民共享水源设计的能力。2010年,公用事业局推出了"ABC水域认证计划";2011年推出"ABC水域专业培训计划",培训专业人士实施"ABC"的水域设计。

"ABC水计划"已实施十余年,成效卓越。如今这个概念已经变成现实。不仅与周围景观相结合美化了水道,同时改善了水质,创造了新的滨水公共空间。最重要的是,向公众展示了清洁水的价值,使他们成为管理水的主体。通过实施"ABC水计划",增加了亲水空间,激发了公众对非常规水源的认可,提高了非常规水源的利用。

3.3.2 供水税费制度改革

在新加坡,水不仅仅被视为商品,更被视为宝贵的战略资源。水的收费不但包含了生产和输送的全部成本,还包含了体现其作为珍贵资源的稀缺性的资源税。为鼓励节约用水,新加坡决定于1991年开始收取资源税(当地称之为"耗水税")。

新加坡的水价主要分为三个部分:基本水费、耗水税和污水处理费。基本水费涵盖水生产过程各阶段的成本,即收集雨水、处理原水和通过供水管网将处理过的饮用水配送给用户。用过的水经由单独的下水道管网收集,输送到污水处理厂集中处理,进一步净化为新生水或排入大海。污水处理费主要体现处理污水和维护下水道管网的成本。

与很多国家不同,新加坡没有设置"生命线"水价(所有人都支付得起、低于成本的水价),而是直接为无支付能力的穷人提供专门补贴。与"生命线"水价相比,专门补贴更有针对性,更有利于体现水的价值,达到节约用水目的[4]。

新加坡公用事业局负责管理供水事务,一旦公用事业局的投资回报率小于 8%,就需调整水价。2017 年,由于水务运营的入不敷出,新加坡启动了新一轮水价调整。在一年内(2017 年 7 月 1 日至 2018 年 7 月 1 日),新加坡分两阶段进行了水价修订,涨价幅度近 50%。调整后的水价组成见表 3-2。

表 3-2　调整后的水价组成　　（单位:新元/m³）

水费分类	基本水费	耗水税(占基本水费比例,%)	污水处理费	总价
生活用水	0~40 m³:1.21	50	0.92	2.74
	>40 m³:1.52	65	1.18	3.69
非生活用水	1.21	50	0.92	2.74
新生水	1.28	10	0.92	2.33
工业用水	0.66	—	0.92	1.58
船务用水	1.92	50	0.92	3.80

在水价调整后,生活用水、非生活用水及船务用水的耗水税,占比已经达到或超过基本水费的 50%,进一步强调了水的稀缺价值。

在 2017 年水价第一次调整后,根据新加坡新能源集团的统计数据,7 月用水量较 6 月有所下降。其中,一房式组屋用水量从 9.5 m³ 降到 9 m³,降幅 5.3%;排屋用水量从 27.8 m³ 降到 25.1 m³,降幅 9.7%;洋房用水量下降 0.6 m³,降幅 1.2%[5]。虽然各种房型用水量降幅不同,但是总体来说,提高水价抑制了用水量。根据公用事业局的统计数据,新加坡人均日用水量已经从 2017 年的 143 L 下降到 2018 年的 141 L,反映了提高水价对于节约用水的效果。

3.3.3 强制性水效标签计划

《水效标签计划》（WELS）由新加坡公用事业局于 2006 年发布,该文件规定了实施"水效标签计划"产品的相关要求、规定、指南和条件等。该计划在发布之初主要基于自愿,自 2009 年 7 月 1 日起改为强制计划。

强制性水效标签计划主要用于反映产品节水效率的分级系统,范围包括浴室附件、双冲洗低容量水箱、小便器冲洗阀和无水小便器、洗衣机等;2018 年,增加了家用洗碗机。该范围内的产品应符合公用事业局的相关测试标准和节水要求。供应商和零售商在宣传和销售产品之前,必须获得相应的水效标签,所有产品必须公开节水等级。强制性水效标签的推行历程如表 3-3 所示。

表 3-3　强制性水效标签的推行历程

日期	里程碑
自 2009 年 7 月 1 日	·所有耗水产品,如水龙头、小便池、冲水马桶等,须在包装上明确标识水效标签。 ·对现有和正在开发或翻新的项目,开发商必须安装和使用至少"√"等级的水效标签的配件和产品
自 2011 年 10 月 1 日	·销售的洗衣机必须带有水效标签
自 2015 年 10 月 1 日	·销售的洗衣机必须达"√√"等级
自 2017 年 4 月 1 日	·引入"√√√√"等级的洗衣机。 ·市场上只允许销售和供应至少"√"等级的水龙头
自 2018 年 10 月 1 日	·将洗碗机纳入水效标签范围
自 2019 年 4 月 1 日	·对现有和正在开发或翻新的项目,开发商必须安装和使用至少"√√"等级的配件和产品。 ·市场上销售的耗水产品必须达"√√"等级

强制性水效标签计划的实施,使消费者在购买产品时,可以参考水效标签选择节水产品(见图 3-2)。根据水效标

签可了解产品的耗水量、类型和型号,以及每个标签的注册
型号,标识的"√"号越多,越省水。以 7 kg 容量的洗衣机为
例,与非节水洗衣机对比,"√√"等级、"√√√"等级、
"√√√√"等级的洗衣机分别可以节约 21 L、42 L、52.5 L
的用水。图 3-3 表明,节水型洗衣机的市场份额随着时间延
续,占比越来越高;节水产品的使用已经成为一种生活习惯,
节水意识已经贯穿在人们的生活中。

图 3-2　洗衣机水效标签

资料来源:GKF的新加坡零售审计调查结果

图 3-3　"√√√"等级洗衣机市场份额变化

3.3.4　节水补助和奖励

3.3.4.1　企业节水补助

　　为减少小企业大幅升级节水设备时遇到资金困难,新加

坡政府推行了三个节水补助计划,提高其节水积极性,实现企业节约用水[6]。具体有:

(1)节水项目投资补贴计划(IAS):对投资节水项目的公司进行补贴。如果节水量大于50%,政府给节水项目的仪器设备提供高达50%的补贴。

(2)单位资源生产率计划(RPS):为企业租用或购置节水设备提供分期付款或抵押贷款。如果该项目能够节水超过50%,且能够按月偿还,有机会得到1 000万新元的低息贷款。

(3)单位资源生产率研究计划(RPFS):为研究自动控制而聘请的专家提供资金支持,支持力度可达到50%,金额达10万新元。

3.3.4.2 水效基金

2007年,公用事业局设立水效基金(WEF),鼓励各类组织寻求有效的方法管理用水需求。该基金为节水量达到10%的项目提供资助,有时候基金金额可达到项目成本的50%;同时,组织社区节水活动的公司也有资格获得WEF资助。

为了提高基金使用效果,公用事业局于2015年推出了强制性水效管理实践(MWEMP),通过向大型用水户收集用水量、业务活动指标和用水效率计划等详细信息,确定办公场所、零售、酒店、芯片制造和半导体等行业的用水效率基准(见表3-4、表3-5),作为申请WEF的基本条件。

通过收集用水大户的数据和信息,公用事业局整理了良好实践案例,并经过与各行业磋商,制定了"水效最佳实践指南",为参与水管理的专业工程师、开发商、建筑物所有者、工厂所有者、设施经理、设施运营商和经理人等提供设计、维护和运营节水建筑和工厂等方面的指导。以"水效最佳实践指南(建筑)"为例,该指南提供了最佳水效做法,例如:①了解具体用水量,分析用水情况;②发现和修复漏损;③采用低压供水系统,降低流量;④采用符合节水要求的水设备、配件等;⑤设计和使用符合节水要求的冷却塔;⑥采用符合节水要求的景观和灌溉方式等。

表 3-4 不同行业用水效率基准——平均用水量

行　业	平均用水量
办公场所(带水冷冷却塔)	1.1 $m^3/(m^2 \cdot a)$
零售	1.3 $m^3/(m^2 \cdot a)$ 或 2.9 L/(人 · d)
4 星酒店(带水冷冷却塔)	0.67 m^3/(使用客房 · d)
5 星酒店(带水冷冷却塔)	1.07 m^3/(使用客房 · d)
小学	12.8 L/(人 · d)
中学	14.4 L/(人 · d)
大学	21.7 L/(人 · d)
数据中心	2.5 m^3/(MW · h)
商业洗衣房	11.8 m^3/t

表 3-5 不同行业用水效率基准——平均污水回收率

行　业	平均污水回收率(%)
芯片制造	44
半导体(不含芯片厂)	15
生物医学制造	12

3.3.4.3 水效率奖

2017 年,公用事业局推出了水效率奖(WEA),表彰各行业的最佳用水效率表现的行业或工厂,主要通过水效率指数或水循环率进行衡量。水效率指数是指耗水量与业务活动指标的比值,水效率指数越低、水循环率越高,节水效果越明显。该奖项从节水建筑认证的基础上演化而来,两年颁发一

次。2017年,来自办公场所、零售、酒店、硅片制造、炼油厂、学校和房地产等7个行业的27名代表,获得了环境和水资源部部长颁发的水效率奖。

3.3.5 生活用水智能化管理

随着一系列新兴的信息通信技术和物联网技术的普及,低成本传感器和基于云的数据存储解决方案的应用,新加坡在水资源管理方面采用了很多新兴智能手段,通过游戏、终端信息查询、智能节水器具等手段,为居民的生活节水带来了新方式。

3.3.5.1 开发手机软件,激励公众节水

新加坡公用事业局和苏伊士公司合作,开发了"Water-GoWhere"的手机应用程序,利用智能仪表、分析工具和创新性的游戏化概念,鼓励居民节约用水。

该程序的主要功能有:

(1)游戏式参与体验。通过游戏的方式,鼓励用户自愿提交数据;使用分数和等级的方式奖励参与节水活动的用户,提高人们对耗水的认识。

(2)漏水通知。该程序可以及时通知用户漏水情况。用户查询信息可以迅速自行检测漏水,减少修理漏水的入户人员,也可以大大降低漏水量。

(3)个性定制服务。通过使用智能仪表和数据分析,确定用户用水方式,为用户提供个性化用水目标;分析用户用水高峰时段,可在特定时段发送高耗水量警报或用水目标。

调查发现,52%的居民家庭下载了程序,34%的居民家庭参与了节水挑战。该手机应用程序可以应对传统方法解决不了的漏水问题。在选定的5个街区,节水量达到了5%[7]。

3.3.5.2　智能淋浴项目

淋浴用水约为人均日常用水量的 30%。2015 年,公用事业局和新加坡国立大学开展了一项研究,通过利用智能设备,改变用户行为习惯,提高节约用水率。该试验为 530 个住宅安装智能淋浴设备,自动记录用水情况,为期 4~6 个月,得到了很多有助于改进水资源高效利用的信息:

（1）收集超过 30 万次的淋浴数据,统计出淋浴平均耗水 20 L/人次。

（2）对住户地点随机分组,设定不同的淋浴用水目标,根据设定目标和用水情况,给出"非常好""一般"或者"太多"等评价反馈。结果显示,提示实时用水量的用户每次淋浴水耗减少 2.13 L(约 10%);用水目标制定十分关键,适中的用水目标是 15 L;在其他方面也起到节约用水的作用。

（3）为用户提供了更多用水信息。每月水费单信息一般只反映过去一段时期整个家庭的用水总量。智能淋浴设备可以提供实时反馈、历史用水信息,还可以与用户有更多互动[8]。

由于此次试验的效果显著,公用事业局与住房委员会计划从 2018 年开始

图 3-4　智能花洒

为 1 万户家庭安装智能淋浴设备。通过安装智能花洒器材,用户可以实时查看花洒用水量(见图 3-4);通过智能手机应用软件,可以查看过去用水量,设置节水目标和用电量。

公用事业局将持续跟踪研究智能设备的效果,为生活用水的节约提供更多的选择方案[9]。预计 2023 年计划安装 30 万个智能水表。

3.3.6　新技术解决方案的研发应用

预测到 2060 年,新加坡用水需求量将翻倍,能源需求量将是现阶段的 3 倍,因此必须革新系统设计,革新脱盐技术,降低海水淡化能耗。

以下是几种主要的反渗透膜技术:

(1)仿生膜:在海水淡化、新生水中均有应用。新加坡水通道蛋白公司(Aquaporin)开发了低能耗水通道蛋白苦咸水反渗透膜产品,现阶段在新加坡新生水厂进行小规模试验生产,由于该膜产品含有水通道蛋白,其出水通量优于传统反渗透膜,可以提高水通量从而降低了反渗透能耗。

仿生膜的研发历程

(1)2009~2012 年概念研究阶段:包括水通道蛋白合成,在动植物中提取以及仿生膜实制备概念验证。

(2)2013~2017 年概念验证阶段:包括水通道蛋白实验室合成、仿生膜实验室制备及新生水应用测试等。

(3)2018~2022 年中期测试阶段:包括大规模水通道蛋白合成、苦咸水和海水脱盐中期测试等。

---

(2)压力延滞渗透膜研发:利用海淡浓盐水和新生水浓盐水不同盐浓度的渗透压差,通过半透膜产生带压力的水流,再用压力交换器回收能量。压力延滞渗透膜出水盐浓度近似于海水浓度。压力延滞渗透膜成果转化方向包括膜技术、膜过程、传感器等。

（3）改进型膜蒸馏：用于工业零排放的改进膜蒸馏技术，主要应用于电子、化工、制药等行业。

新加坡也在计划推行一些低碳解决方案。比如在蓄水池水面建设大型的浮动太阳能系统，可以利用水库水为能源系统提供冷却水，覆盖太阳能板也减少了水库的蒸发，实现节水节能。新加坡也修建了一些双模式水厂，通过可以抽取两种不同类型水源的双流室，将水输至主厂进行处理，因其可以根据天气以及蓄水情况灵活变换水源，节约了成本和空间。这些理念和技术均走在了世界前列。目前，新加坡已经是世界上少数几个建成100%绿色水厂的国家。

新加坡腾加水库的浮动太阳能厂

在腾加水库上修建的浮动太阳能厂，装机容量6万kW，是世界上最大的内陆浮动太阳能厂之一。它为公用事业局下的5个自来水厂提供日常能源，解决了公用事业局7%的能源消耗。

图3-5 新加坡腾加水库的浮动太阳能厂

新加坡吉宝码头东海水淡化厂[10]

吉宝码头东海水淡化厂是新加坡第 4 家海水淡化厂,也是全球首家"双模式"海水淡化厂,是新加坡首家使用紫外线辐射作为主要消毒过程的水处理厂,也是新加坡第一个将超滤和反渗透系统直接结合起来的海水淡化厂。水厂日产约 13.7 万 m^3,于 2020 年 6 月底投入运营。

该厂根据天气以及水库蓄水状况,选择抽取海水或滨海水库淡水至双流室,该双流室通过 1.8 km 长的管道与主厂连接。在处理过程中,水可以从上游超滤工序直接进入下游反渗透系统。由于该厂可灵活变换水源,并集成多种水处理技术,既节省了成本,减少了占地,又提高了能源效率。

图 3-6　新加坡吉宝码头东海水淡化厂

3.3.7　加强公众教育

新加坡政府在加强公众宣传、强化公民节水意识和水危机意识方面做了大量努力。自 1969 年起,新加坡几乎每隔两三年就开展一次节水运动;直至 1993 年,新加坡居民人均生活用水出现下降拐点后,运动式节水被常态化的节水宣传取代。1995 年,新加坡开展了全岛水配给运动,该运动涉及 20 个社区及 30 000 个家庭。在全岛水配给运动期间,每天供水中断 14 h,旨在提醒新加坡人重新认识水的重要性。

新加坡生活用水占总用水量的比重很大,家庭在节约用水方面的作用意义重大,在个体和国家之间起着桥梁纽带的作用,使国家意志能在家庭中得到具体落实。自 2003 年开始实施节水型家庭计划,帮助家庭节约用水,公用事业局向所有家庭免费分发了超过 33 万个节水套装,安装在家庭的自来水喷嘴、喷头和软管连接处,以减少过多的水压和流量。2005 年,政府以"全民水源:节省、珍惜、享用"为口号,开展了一场声势浩大的全民教育运动。民众的节水意识不断增强,导游、出租车司机也会对游客进行节水、环保宣传。2006 年,为了将每人每天生活用水量减少 10 L,公用事业局发起了"10 升挑战"重大活动,通过宣传和教育活动,人均每天生活用水量由 2003 年的 165 L 减少到 2008 年的 156 L。

公用事业局联合学校、工业协会、宾馆联合会、出版社等机构,开展一系列加强民众保护环境意识的活动。儿童在幼儿园和小学阶段就被要求了解节约用水的基本做法,以便养成节约用水的好习惯。除了对学生、公司员工的个体教育,新加坡还重视以家庭、社区为单位的集体教育。节约用水宣传海报的制作、张贴往往都以家庭、社区为对象,见图 3-7。

图 3-7 社区推广活动

2015 年 3 月 21 日,环境与水资源部在新加坡世界水日

期间启动了节水大使徽章计划,学生通过课程学习和社会实践等方式,成为节水倡导者。

目前,新加坡于 2020 年 11 月 28 日启动"气候友善家庭计划",鼓励家庭采取环保措施并节约用水。本地一房到三房住户可申请三种不同的电子优惠券:1 张 150 元优惠券,可用于购买至少 3 个勾的节电节水电器;1 张 50 元优惠券,可用于购买 3 个勾的节水淋浴设备;1 张 25 元优惠券,可用于购买 LED 节能灯泡。

节水大使徽章计划

　　节水大使徽章计划主要面向学生,目标是教导公众负责任地用水、鼓励他人成为节水倡导者、让节水从学习变成行动。节水大使徽章计划将节水知识与节水实践紧密地结合起来,使学生具有更强的节水意识。

　　为了获得节水大使徽章,学员们必须完成以下活动:

　　(1)参加节水大使课程。通过圣约翰门户网站报名预约,参加公用事业局指定的节水大使课程,一般为 NEWater 访客中心或 Marina Barrage 公司。

　　(2)成为节水倡导者。完成节水大使课程后,学生可以选择以下方案完成后续活动:①设计一项在学校或各地纪念和庆祝世界水日的活动;②开展社区服务项目,教导参与者节约用水;③成为节水教育者,选择为某个水库、ABC 水域或水道设计简单的游览手册。

参考文献

[1]宋颖慧.新加坡·新生·水——新加坡水资源管理模式概览[J].
　　城市观察,2011(1):104-110.

[2]世界各国服务业增加值占 GDP 比重. https://www.kylc.com/
　　stats/global/yearly_overview/g_service_value_added_in_gdp.html.

[3]朱菲菲,詹歆晔.新加坡水环境治理的经验借鉴[J].上海节能, 2018(04):259-262.

[4]Cecilia Tortajada. Water Management in Singapore. 2007. 4. 1. https://www. csc. gov. sg/articles/water-management-in-singapore.

[5]7月起新加坡用水量全面下跌,水费涨价有奇效?!. https://mp. weixin. qq. com/s? _ _ biz = MzU4NTU0MDgzOA = = &mid = 2247532864&idx = 2&sn = c23c75e2fb2c6977ae24decb93a 15b4a&source = 41#wechat_redirect.

[6]英震.城市水管理模式的比较研究——以新加坡、香港为例[J]. 中国管理信息化,2017,20(16):215-216.

[7]W. C. Wong, H. T. Ng, Roland Chan, et al. Going real time in water conservation-the Singapore experience [J]. Water Practice and Technology, 2019, 14 (1): 36-42. doi: https://doi. org/10. 2166/ wpt. 2018. 117.

[8]IWA 国际水协会. Gamification:节水也要游戏化,新加坡探索水管理新概念. 2020. 4. 22. https://mp. weixin. qq. com/s/rLMCR5MPV hxOWFwRDr7Vng.

[9]PUB. Smart Shower Programme. https://www. pub. gov. sg/savewater/athome/smartshowerprogramme.

[10] Keppel Marina East Desalination Plant. https://aecom. com/projects/keppel-marina-east-desalination-plant/.

第4章　澳大利亚

提　要

澳大利亚约 70% 的国土属于干旱或半干旱地带,平均年降水量仅 470 mm,淡水资源少,河网稀疏。水资源总量不丰富,但由于人口少,人均水资源占有量位居世界前 50 名。

澳大利亚通过加强联邦政府在水资源管理中的调控作用,充分利用市场机制和经济手段推进节水产品的普遍使用,推动用水效率不断提高。例如:执行水效标识制度,引导节水产品的普及,促进生产者升级节水技术设备;发挥水价杠杆作用,通过调整水价调节用水行为;通过水权交易,促进水的合理和高效利用。与此同时,创新的公众宣传、完备的学校节水教育体系和激励性政府奖励,以及节水工作落实到用户等做法,促进节水意识深入人心。

由于近十年来连续发生多次特大干旱、特大洪水,澳大利亚政府将应对气候变化作为水资源管理的重要内容,采取了以风险管理为核心的干旱管理措施,包括联邦政府与各州政府签署干旱管理协议,发布城市限水令和需求管理计划,利用新技术挖掘城市住宅节水潜力等,推进水资源可持续利用。

墨累-达令河流域,是世界上水资源开发利用程度最高的流域之一,拥有全国 1/3 的灌溉耕地,可提供 1/3 的粮食产量及超过 1/3 的农业产值。限制用水、水权交易及流转在水资源综合管理中发挥了重要作用。作为重要的农业灌溉区,墨累-达令河流域 2011～2015 年供水效率从约 65% 提高到 93%;合同节水管理方式得到有效应用,联邦政府投资近 50 亿澳元用于流域农业节水项目,节水量约达 20 亿 m^3。

4.1 地理、经济及水资源利用概况

4.1.1 自然地理

澳大利亚国土面积 769.2 万 km^2,约为我国的 80% 左右,居世界第六位。澳大利亚本土由 6 个州及 2 个地区组成,分别为新南威尔士、维多利亚、昆士兰、南澳大利亚、西澳大利亚和塔斯马尼亚州,以及首都地区和北方领土地区。

澳大利亚是世界上除南极洲外最干燥的大陆,2/3 的国土处于干旱半干旱地带,境内有 11 个大沙漠,约占大陆面积的 20%。近 1/3 的大陆位于热带地区,其余位于温带地区。中部地区大多不适合居住,人口主要集中在东南沿海地带。

澳大利亚季节性河流多,河网稀疏且蒸发量大。降水量年际变化大,且分布不均匀,平均年降水量 470 mm,不足世界

平均水平的一半。最干旱的艾尔湖流域,平均年降水量不足
125 mm。

截至 2019 年 12 月,澳大利亚人口 2 554 万,人口密度为
3.3 人/km²,是世界上人口密度最低的国家之一。虽然澳大
利亚的水资源总量仅为 4 920 亿 m³,但人均水资源占有量高
达 20 123 m³,约为我国人均水资源占有量的 10 倍,位居世界
前 50 名。

4.1.2 经济及产业结构

澳大利亚 2019 年 GDP 为 1.99 万亿澳元(约合 1.39 万
亿美元),人均 GDP 为 7.27 万澳元(约合 5.65 万美元)。

其中,农林渔业占 5.3%,制造业、采矿业和建筑业占
14.0%,服务业占 80.7%(2018 年)。农牧业是澳大利亚的传
统优势产业,农牧业产品的生产和出口在国民经济中占有重
要位置。服务业作为澳大利亚优势产业,是最重要和发展最
快的经济部门。服务业中产值最高的五大行业是金融保险
业、医疗和社区服务业、专业科技服务业、公共管理和安全服
务、教育培训服务。

4.1.3 水资源利用

澳大利亚水资源空间分布极为不均,水资源主要集中于
东部山脉、台地和谷地相接的狭长地带。除塔斯马尼亚州
外,几乎每个州和地区都存在严重的水资源短缺问题[1]。

2017 年数据显示,澳大利亚年用水量 165.5 亿 m³,其中
农业灌溉用水 105 亿 m³,占全国总用水量的 64%;工业用水

26.6 亿 m³,占全国总用水量的 16%;城市用水 33.9 亿 m³,占全国总用水量的 20%。澳大利亚人均年综合用水量为 703 m³[2]。

4.2 水资源管理

4.2.1 联邦水资源管理体制

澳大利亚水资源管理实行行政区域与流域相结合的水资源管理体制。在行政体系上,水资源管理机构分为联邦、州(和领地)与地方(郡、镇)三个层面。

在联邦层面上,澳大利亚政府委员会(COAG)作为联邦政府、州政府和领地政府之间的最高协调机构,由联邦政府总理、各州州长、领地首席长官及其他内阁要员等 10 人组成,他们所签署的协议适用于所有澳大利亚政府机构(联邦、州和地区政府)[3]。澳大利亚政府委员会负责发起、开展和监管全国性及需要各级政府合作的活动,如水管理改革等。澳大利亚现行的《国家水倡议》(National Water Initiative)由澳大利亚政府委员会批准,于 2003 年 8 月发布。在这份倡议的指导下,联邦政府与州政府于 2004 年 6 月正式签订《水倡议政府间协议》(摘译见附录 4),是各州水法修订和水资源管理改革的重要参照[4]。

在联邦执行层面,水资源管理采取了"一部两局两委"的主架构[5](见图 4-1)。

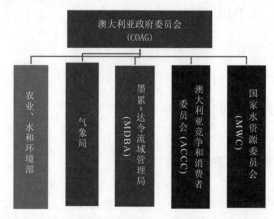

图 4-1　澳大利亚联邦层面水资源管理机构框架

"一部"为农业、水和环境部。2020 年,农业和水资源部与环境部合并,代表联邦政府负责水资源政策与管理。"两局"为墨累-达令流域管理局和气象局,墨累-达令流域管理局作为流域执行机构,主要负责该流域水资源管理政策制定和规划;气象局主要负责收集和发布水情等信息。"两委"是国家水资源委员会及澳大利亚竞争和消费者委员会。国家水资源委员会主要负责供水和污水处理事务;澳大利亚竞争和消费者委员会主要负责水资源市场消费及竞争保护事务。

在州层面上,每个州都有自己的水资源主管部门。除西澳大利亚州成立水资源厅外,其他州都在自然资源管理机构内设水资源管理部门。例如,维多利亚州将水资源管理部门设在了环境、国土、水与规划厅;南澳大利亚州在环境、水与自然资源厅内;北方领土地区和首都地区分别在国土资源局、环境与可持续发展局内。尽管各州水管理部门和机构名称不尽相同,但水资源管理的职责基本一致[6]。

在地方层面,各地方政府的水管理机构执行州政府水政策,负责水权的界定、分配、登记、调整、转让、取消等具体工作。

在流域层面,部长理事会、流域委员会、公众咨询委员会都属于流域协调机构。部长理事会是流域决策的最高机构。流域委员会接受部长理事会指导,主要负责流域水资源分配,向部长理事会提供流域自然资源管理咨询意见,实现资源管理策略,提供资金和框架文件。如墨累–达令河流域管理局成为联邦政府与州政府共同推进法律法规实施的重要管理和实施机构。公众咨询委员会是部长理事会的咨询机构,负责调查研究和收集各方意见,就一些决策问题进行咨询,发布最新研究成果,成员一般来自地方政府协会、农民联合会、工会理事会及各种基金会等。

4.2.2 墨累–达令河流域水管理体制

墨累–达令河流域位于澳大利亚东南部,该流域在行政区域上包括新南威尔士州、维多利亚州、昆士兰州、南澳大利亚州和首都直辖区,是全国最大的流域,流域面积 106 万 km^2,约占澳大利亚国土总面积的 14%,流域内人口近 200 万。墨累河是全国最大的河流,其长度达 2 500 km,达令河是墨累河最大的一级支流,其流量占墨累河总流量的 20% 左右。

通过 1992 年的墨累–达令河流域协议,在墨累–达令河流域成立了部长理事会、流域管理局和公众咨询委员会(见图 4-2),这三个机构分工明确、相互配合,通过充分协商机制,切实发挥了流域的共同利益效能。

4.2.2.1 部长理事会

部长理事会总体上负责并且制定有关流域共同利益的重大政策,其职能主要包括:为实现流域内水、土地和其他环境资源公平、高效和可持续利用,商讨和制定涉及共同利益的重大

决策;为上述目的而努力、权衡,并在适当的时候采取措施。

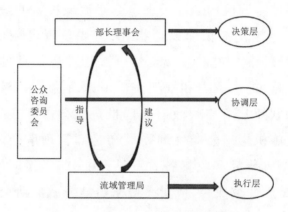

图 4-2　墨累–达令河流域管理机构

4.2.2.2　流域管理局

流域管理局职责包括:就水、土地和环境的规划、开发和管理向部长理事会提出建议;协助部长理事会采取措施,实现流域资源的公平、高效和可持续利用;协调执行上述措施;执行理事会做出的政策和决议。

4.2.2.3　公众咨询委员会

公众咨询委员会的职责包括:就流域资源管理的重大议题向部长理事会转达来自各个社区的意见,在社区范围内宣传部长理事会决议,促进居民对决议内容和宗旨的理解;参与社区承诺计划,并汇报计划实行效果;参与政策制定的全过程。

墨累–达令河流域地理跨度大,流域内不同地区水资源条件差异也较大,地区和部门间需要协调和解决的问题也比较多。实施全流域管理是澳大利亚水资源综合管理的特色,联邦政府是流域水资源管理的关键主体,通过制定全国性的政策法规,在协调流域内各州水资源管理工作中发挥了重要作用。重视流域各州间充分协调配合,水资源管理由流域内各州政府机构承担,灌溉协会或供水公司参与管理。流域内各级水服务机构向公众公布年度财务报告和供水价格测算结果,宣传水知识和公布有关信息,加大水资源管理的透明度和公众的参与。

在墨累-达令河流域的三个层次的组织管理框架中,部长理事会制定各项政策法规实施宏观调控;流域管理局执行相关政策法规确保公正和透明,与联邦机构合作,与地方部门相互协作;公众咨询委员与部长理事会和流域委员会沟通协调,建立社区与政府的伙伴关系,提高公众参与度。三个不同层级的管理机构成员均来自流域内各州和其他相关利益群体,具有广泛的代表性,其性质都非政府结构,议事过程采取平等、真诚的协商方式[7]。因此,三者开展的流域水资源管理工作和水权分配决议更能获得流域内各州的理解和尊重,达到了较好的协调合作效果。

2019年6月开始实施《墨累-达令河流域规划》。以流域综合管理为目标的充分协商机制保障了州际分水的顺利进行。围绕实现水资源可持续利用的目标,制定了综合的、多目标的水资源开发利用规划和分水计划,建立了流域委员会协商机制,其中墨累-达令河流域管理机构的设立是流域水资源综合管理的成功模式。虽然分水问题烦琐,但是通过充分论证协商机制为分水管理的运行提供了保障。

全流域管理是澳大利亚水资源管理的重要经验,墨累-达令河流域管理局建立的协商机制,对协调和解决流域内水资源的合理开发和高效利用发挥了重要作用。

4.3 维系自然生态系统下的节水措施

由于特殊的地理位置和气候特点,加之气候变化的影

响,澳大利亚近十年来发生了多次特大干旱。水资源及其赖
以维持的生态系统进一步显露了其脆弱性。由于自然资源
条件导致的供需矛盾正在加剧,生态系统可持续发展也面临
着严峻考验。

为有效利用和合理分配水资源,采取了推动制定涉水法
律政策、实施水权交易制度、独具特色的干旱管理、合同节水
管理等措施,挖掘节水潜力。

4.3.1 制定更严格的涉水法律政策

4.3.1.1 联邦层面节水政策规划

澳大利亚联邦政府越来越重视全国性的水资源统一协
调。通过与各州政府之间的一系列协商、协调和合作程序机
制,形成了一些全国性的水资源法律与政策,在引导和协调
各州水资源管理工作中发挥了重要作用,促进各州形成现在
的以水权、水市场为特色的水资源管理模式。联邦层面重要
的水资源法律及政策包括:1994 年澳大利亚《水事改革框
架》、2004 年《水倡议政府间协议》、2007 年澳大利亚《水法》
和《国家水资源安全规划》等(见表 4-1)。

澳大利亚《水法》的实施有效地控制了经济社会用水总
量,制定水市场的规则,减少水权交易的障碍;统一发布水权
交易必要信息,发挥市场在水资源配置中的作用,确保水权
交易不超过当地最大取水量。

4.3.1.2 墨累-达令河流域节水政策规划

通过相关的法规、协议,明确墨累-达令河流域范围内州
和流域管理权责(见表 4-2)。例如,通过《墨累-达令河流域
改革谅解备忘录》,将流域规划权赋予墨累-达令河流域管理

局,明确了流域内各州参与决策、对所辖区域开展水管理的
自主权。

表4-1 澳大利亚水管理重要法律政策文件

年份	文件名称	发布机构	重要内容
1994	《水事改革框架》	澳大利亚政府委员会	通过水价、水权和水资源管理体制改革,协调和统一全国水资源管理,确保以环境可持续的方式对水资源进行分配利用
2004	《水倡议政府间协议》	联邦政府及各州政府	明确提出解决水资源超额分配与过度利用的制度问题,尽早防范水资源分配制度变化可能带来的风险,对水资源管理风险进行评估
2007	《水法》	联邦政府	规定流域规划、水市场建立、水信息服务、水费征收等管理手段,缓解各州间的用水纠纷;强调流域内统筹规划,高效利用水资源
2007	《国家水资源安全规划》	联邦政府	在灌溉者和联邦政府之间按照各自50%的比例共享水资源和节水;解决墨累-达令流域水资源超额分配问题,制定并实施地表水和地下水的最高取水限量

表4-2 墨累-达令河流域重要水政策法规

文件名称	年份	重要内容
《墨累河水管理协议》	1915	把取水权从州分配到城镇、灌区、农户
《水法》	2007	要求流域规划制定长期平均可持续取水限制,科学地限制了水资源使用量,实现与流域水资源相关的、有成本效益的水管理与行政实践
《墨累-达令河流域改革谅解备忘录》	2008	建立联邦和州的良好关系,明确了流域内各州参与决策,将流域内水和其他自然资源作为整体进行规划和管理,规定了墨累-达令流域改革机制

续表 4-2

文件名称	年份	重要内容
《墨累-达令河流域规划》	2012	设置了"可持续水量分配限额",该限额基于流域长期的和可持续的水量供给情况制定,显著区别于以往根据流域取水总量历史数据制定的取水"上限";核心是制定流域开发利用地表水与地下水的限制量,依据现有的技术和"预防原则",从整体上限制地表和地下水资源开采量

墨累-达令河流域最为有效的节水政策是《墨累-达令河流域规划》,制定了可持续水量分配限额(SDL)制度,取代之前实施的地表水取水量封顶制度,第一次对地下水取水量做了规定,限制地表水资源和地下水资源开采量,将农场堤坝、种植场所用的地表水限额包含其中;制定灌溉定额、实施农业用水相关奖惩措施等。当规划确定的取水上限低于当时流域用水总量,促使人们减少用水量;按照缩减百分比,同比减少每个取水户的取水量。

4.3.2 发展水权交易

自 1983 年以来,澳大利亚的水权交易额度递增,相关的管理制度不断完善,水交易市场已基本形成,并逐步在各州推行。澳大利亚水资源市场化实践表明,建立与市场相匹配的规则和制度,可灵敏地反映出水资源供求情况,提高水资源配置效率。澳大利亚以水权交易制度为核心的节水,主要依靠市场经济手段,引导和刺激各行各业充分利用现有水资源,提高水资源配置效率,实现节水目标。

4.3.2.1 发挥水权交易的内在驱动力

早期的用水户申请水量较少,取水申请一般都会得到政府的批准。但是随着经济的发展,用水户的用水量不断增加,而可分配水量越来越少,部分河流已审批的用水量甚至超过了可利用水量。20世纪80年代,一些河流就已停止发放新的取水证。有限的水量已不能满足企业扩大规模和新用水户不断增加的需求,为解决新老产业、高附加值农业与传统农业的用水矛盾,农业用水与城镇、工业用水的矛盾,决定建立水权市场。目前,政府不再审批发放新的用水权,新增用水户想取得用水权,只能通过水权交易取得。

水权交易市场的主要参与方既有联邦、州政府机构,也有用水企业、经纪商、投资(机)商等。水权交易促使水资源向使用价值更高的用途转移,用水户可以更直接地参与供水管理。与此同时,具有节余水量的用户可通过交易获得收益。

4.3.2.2 多种水权交易方式

水权交易分为永久水权交易(Water etitlement)和临时水权交易(Water allocation)。永久水权交易是指长期和持续占有一定份额水使用权;临时水权交易是一种季节性水权,该水权持有者每年根据来水量变化能够获得的水量,一般是临时交易[8]。交易价格由市场决定,政府不干预。同时,各州政府规定生活水权和水力发电水权不准进入市场交易。水权交易的具体方式见表4-3。

在水权交易市场上,交易主体可自行决定出售多少水量,获得的收益不仅增加了收入,还可以将这些收益用于节水技术的引进或创新改造,进一步提高水的使用效率。在水权市场发展初期,人们对水权交易态度是谨慎的,然而随着水权交易限制不断解除、交易成本的日益降低以及干旱的周

期性发生,水权市场发展日益完善,在优化水资源配置方面
发挥了重要作用。

表 4-3   澳大利亚水权交易方式

方式	特点
州内临时交易	常见的交易方式;主要发生在一年内的水调配量在不同用户之间的转移;价格低(0.02~0.04 澳元/m³)
州内永久交易	部分或全部水权的完全转让;需经过法律程序,耗时长;价格范围是 0.4~1.2 澳元/m³
州际临时交易	州之间的水权临时交易频率高(近年来降水量偏少,在墨累-达令河流域采取了用水"封顶"措施);相应州法律中有关水资源计量和能够销售的条文,也对此进行了相应的修改
州际永久交易	不同州之间的法律体系和水权交易程序及水价制定原则不同;目前在墨累-达令河流域也仅仅是试点;重点需对产权进行清晰划定

4.3.2.3   环境用水保障

水权交易的交易方可以是政府(环境用水)、私人(灌溉
用水)、水务公司,以及外州用户等。维多利亚州 2019~2020
年全年的全部临时水权交易记录❶表明,在各类买方交易用
户和交易水量中,私人灌溉水权占总交易数量的约 50%,其
次是其他州的买方。购买环境用水的交易数量占 22%。交
易双方无特别限制,即环境用水可从私人水权中购买,同样
环境用水也可卖给其他用水方;发生交易最多的是私人之间

❶维多利亚水登记平台:http://waterregister.vic.gov.au/water-trading/allocation-trading.

的交易和政府之间的环境用水交易,以及与其他州的环境用水交易,尽管存在将环境用水卖给私人或水务公司的情况,但比较罕见。在水交易用途上,水务公司用水交易占26%,环境用水内部交易流转占43%,实际从其他部门交易给环境用水的并不多,水权一旦全部分配给用水户(或者过度分配),之后再将水权重新返给环境一般比较困难,代价较高。

联邦环境用水持有机构(CEWH)负责管理联邦环境用水持有权和环境用水持有者专用账户。截至2018年3月31日,联邦环境用水持有量26 730亿L,价值约22.71亿澳元❶,出售临时水权399亿L,通过交易水权获得收益约907.8万美元❷。

4.3.2.4 墨累-达令流域水权交易实践

墨累-达令流域内近86%的用水为地表水,其余为地下水。流域年平均耗水量约110亿m³,相当于流域48%的年地表水量;其中的84%用水为农业,3%用于墨累-达令流域的城镇地区,灌溉用水蓄水与输水过程损耗约占13%。

墨累-达令流域是澳大利亚水资源开发利用程度最高的流域,近80%的水资源被开发利用,其中的90%被用于农业灌溉。自20世纪70年代起,该流域水资源管理遭遇严峻挑战,持续的干旱和全球气候变化更加大了流域水资源持续管理的压力。

墨累-达令河流域作为重要的农业灌溉区,水权交易及流转是市场型协调机制的一种策略选择。墨累-达令河流域有永久水权交易、临时水权交易、水权出租、水股票等多种水资源

---

❶来源于澳大利亚2017年6月30日审计意见。
❷按照2018年的平均汇率,1澳元=0.721 3美元。

流转形式,在墨累河下游地区还开展了州际水权交易试点。

2011~2015 年,墨累-达令流域通过多个水权交易项目,政府收回了约 40% 的原始水权,供水效率从约 65% 提高到 93%(见图 4-3 和图 4-4),水损失量显著减少。

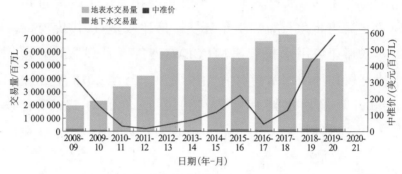

图 4-3 墨累-达令河流域临时水权交易(2008~2020 年)[9]

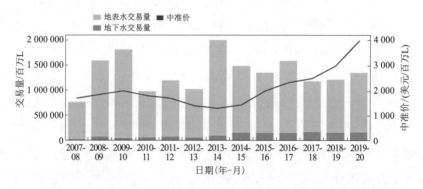

图 4-4 墨累-达令河流域永久水权交易(2008~2020 年)

[注:中准价(Standard Price)是指国家指导价的一种具体形式]

水权交易的开展,促进了用水结构的调整,使水资源向高附加值用户转移。通过来水、用水记录和土地使用权等情况确定取水上限额度。各流域管理主体注重水资源的使用成本和价值,从而优化了水资源配置,减少了州际水资源利用引发的外部成本,调和了州与联邦政府间的矛盾。

表 4-4　澳大利亚墨累-达令流域临时水权交易概况(2014 年 7 月
至 2015 年 6 月)[澳大利亚水市场报告(2014~2015 年)]

地区	水资源类型	交易次数	交易数量/亿 m³	成交额/亿澳元
南部墨累-达令流域	常规地表水资源	25 503	49.503	3.3
	非常规地表水资源	0	0	无记录
	地下水	299	1.122	无记录
北部墨累-达令流域	常规地表水资源	1 130	3.139	无记录
	非常规地表水资源	28	1.069	无记录
	地下水	378	0.84	无记录

表 4-5　澳大利亚墨累-达令流域永久水权交易
概况(2014 年 7 月至 2015 年 6 月)

地区	水资源类型	交易次数	交易数量/亿 m³	成交额/亿澳元
南部墨累-达令流域	常规地表水资源	4 686	5.425	无记录
	非常规地表水资源	278	1.483	6.4
	地下水	347	1.046	无记录
北部墨累-达令流域	常规地表水资源	271	4.469	无记录
	非常规地表水资源	331	1.612	无记录
	地下水	322	0.55	无记录

4.3.3　实行干旱管理

澳大利亚自 1997 年起发生的干旱持续了 12 年之久,波
及澳大利亚东南部大部分地区,造成了巨大的经济损失。受
气候变化的影响,尤其近些年来发生的多次特大干旱,带来
严重缺水的威胁。为此,澳大利亚采取了一系列应对干旱的
节水措施。

4.3.3.1 联邦政府与各州的干旱协议

澳大利亚政府感到,采用传统的应对模式已难以应对持续干旱,特别是气候变化带来的频繁气候异常和极端情况。最初主要对干旱采用危机管理模式进行被动式应对,当干旱发生后,政府向农民发放灾害救助,该模式一直持续到20世纪80年代。20世纪80年代末,由于缺乏早期预案,干旱问题逐步严重,联邦政府无力承担逐年增加的干旱灾害救助费用,因此迫切需要改变原有的危机管理模式[10]。

1992年,澳大利亚部长理事会发布了以可持续发展和风险管理为主的国家干旱管理政策,政府向农民提供气候监测的数据信息,发布干旱预报,便于农民实时调整农业计划。对农民进行干旱教育及应对措施培训,为农民提供应对旱灾的特别福利补贴,例如,1992~1994年,联邦政府分别拨付100万澳元和50万澳元为农民提供信息服务相关培训。自干旱管理政策实施以来,澳大利亚在旱情预警和应对方面取得了积极成效,增强了抗旱能力。

2018年,澳大利亚通过了《国家干旱协议》(译文见附录5),在干旱管理政策的基础上,规定了干旱的准备、应对和恢复等综合措施,取代之前2013年制定的《国家干旱计划改革政府间协议》。协议优先考虑提高农业企业和农业社区在应对干旱问题上的长期准备、可持续性、恢复力和风险管理方面的目标和成果,规定了联邦、州和领地政府在与干旱相关的问题上进行合作和协作的方式,明确在支持农业企业、农业家庭和农业社区方面的责任。该协议强调风险管理实践和应对气候变化措施,维持和保护水资源的可持续利用。

4.3.3.2 需求管理计划

澳大利亚采取了有效的需求管理计划以应对千年一遇干旱。在干旱期间,根据用水需求变化,减少了重工业和独栋住宅的规划数量,加强了对雨水收集等非常规水源的利用,尤其是在干旱限水时将收集的雨水作为后备水源,用于农业灌溉或家庭非饮用水,推行节水淋浴喷头等节水器具和装置的应用普及。

在干旱期间,供水公司采用数字计量和数据分析等技术,持续不断地获得或更新数据,针对用水需求、特定高耗水行业和住宅与非住宅高耗水用户进行详细分析,采取了有针对性的措施。在干旱和缺水时期,首都城市和主要城市实施永久性的节水计划(见表4-6),制定长期的限制用水措施。

表4-6 澳大利亚主要城市永久性节水计划

城市	节水计划	起始时间	说明
墨尔本	永久性节水准则——"目标155"用水计划	2012年12月	· 由墨尔本环境、土地和规划署发布; · 鼓励墨尔本居民每人每天用水量限制在155 L以内
悉尼	永久性用水准则	2009年6月	· 由悉尼水务局发布; · 包括鼓励进行漏水维修和安装符合水效标识和标准计划的节水装置;
堪培拉	永久性节水措施	2010年11月	· 由爱康水务有限公司❶发布; · 只适用饮用水供应; · 规定不遵守节水措施行为的相关处罚

---

❶爱康水务有限公司("Econ Water Ltd.")是澳大利亚首都地区政府全资公司。

续表 4-6

城市	节水计划	起始时间	说明
珀斯	永久性用水效率措施	2007 年 10 月	· 由西澳水务局和水务公司发布； · 关注户外用水最佳实践； · 规定不遵守节水措施行为的相关处罚
阿德莱德	永久性节水措施	2010 年 12 月	· 由南澳水务局发布； · 提供高效用水指南； · 规定不遵守节水措施行为的相关处罚

　　通过干旱期间实施的项目经验，挖掘城市住宅的节水潜力，并利用新技术推动节水创新。例如 2004 年，新南威尔士州推出建筑与可持续发展指数，要求所有新建住宅和翻新住宅实现水与能源可持续利用，强制新建住宅安装节水产品。悉尼在住宅、非住宅和非营业用水部门实施了需求管理计划，该计划包括 50 万个家庭的用水解决方案，节水洗衣机、厕所器具和雨水储存器的退税计划。

4.3.3.3 城市用水限制措施

1. 强制限水令

　　为应对大范围干旱造成的长期缺水，澳大利亚各地颁布了限制用水的法令。限水令由澳大利亚水资源管理机构、地方委员会、州或地区委员会发布，气象局网站为整个澳大利亚提供当时的限水信息。人们可以通过搜索州或地区、水机构和限制名称获取相关水限制信息。根据各州的具体情况，限制用水的名称和规定不尽相同。

　　限水令包括浇灌草坪、使用洒水系统、清洗车辆、冲洗人行道、淋浴等规定。根据干旱程度，各州定义了不同的水资源限制级别，从限制最少的 1 级开始，等级越高限制越严苛。首都直辖区发布了较为详细的 4 级"限水令"（见表 4-7），昆士兰州重点将针对住宅区的"限水令"划定为 7 个等级(见表 4-8)[11]。

表 4-7 首都直辖区四级限水令

项目	一级	二级	三级	四级
洒水装置和灌溉	隔日进行; 上午 7~10 时; 下午 7~10 时	仅能用带节水滴头的洒水和灌溉装置; 上午 7~10 时; 下午 7~10 时	禁止洒水和灌溉	
花园及草坪浇水	无限制	隔日进行; 上午 7~10 时; 下午 7~10 时	禁止草坪浇水; 花草浇水隔日进行 上午 7~10 时; 下午 7~10 时	—
泳池	不可放水和满池加水,可适量加水		禁止放水或注水	
洗车	一周一次或在洗车行洗车	一月一次或在洗车行洗车	只能在洗车行洗车	禁止洗车
清洗窗户	只能使用斗式或高压、低容量清洗机		禁止清洗窗户	

2019 年,因降水量不足、水库蓄水量下降,悉尼首次实施了十年来的一级限水令。悉尼水务公司对违反限水令的个人处以 220 美元的罚款,对企业处以 550 美元的罚款,对偷水者处以 2 200 美元的罚款,工作人员通过随机检查来执行。

由于持续干旱,水库蓄水量急剧下降,新南威尔士州在大悉尼地区,于 2019 年 12 月 10 日起实行二级限水令,这是该地区近十年来的最严限水令。根据统计,引入二级限水

令,新南威尔士州地区每年可节水 0.785 亿 m³。

表 4-8 昆士兰州住宅区七级限水令

项目	一级	二级	三级	四级	五级	六级	七级
洒水时间	一周 3 天	禁止洒水					未经允许不得使用
管浇灌花园时长	上午 4~8 时;下午 4~8 时						
水桶/洒水壶浇水时长	无限制			一周 3 天;上午 4~8 时;下午 4~8 时	禁止浇灌草坪;一周仅限 3 天;下午 4~7 时		—
泳池注水	无限制			需批准才能使用			—
洗车/擦窗	使用软管或桶洗车或擦窗			只能用桶洗车或擦窗	只能用桶并仅限于清洗车镜、灯及窗户		—

2.非常规水源的利用

为提高干旱时期城市供水安全,加之各城市人口的日益增长,澳大利亚推动非常规水源的开发利用,如海水淡化、雨水利用等。全国约有 270 家海水淡化厂,大多规模较小,用于海水和微咸水的淡化[12]。5 个主要城市每年的海水淡化能力为 5.34 亿 m³。

雨水收集和利用是重要的城市水资源,为增加供水提供了较大潜力,也可以在干旱限水时作为后备水源,用于农业灌溉或家庭非饮用水。2017~2018 年,在莫森湖、巴克湾和罗切尔公园等地约有 2 亿 L 的雨水被重复利用或补给地下水,其中有58%补给地下水,41%用于工商业,1%用于生活。

4.3.4 开展合同节水

澳大利亚在节水方面的市场条件相对成熟,联邦政府及一些地州充分运用市场机制,借鉴合同能源管理模式,通过政策扶持,将"合同管理模式"广泛应用于节水工作,取得良好效果。

为保障环境用水,实现墨累-达令河流域可持续发展,联邦政府投资近50亿澳元用于农业节水项目,称为"墨累-达令河流域水资源可持续发展项目"。该项目由政府出资,聘请节水企业与流域内的农场签订节水管理合同,对灌溉设施进行节水改造。项目约定,农场节水改造后产生的节水量,政府和农场主按1:1的比例分享,政府获取的水量主要用于生态,多余部分用于水权交易。农场获取的水量可以有偿转让或通过水权交易出售。政府通过该项目获得的节水量约20亿 m^3。

虽然政府取得经济效益无法与项目投入相匹配,但促进了节约用水和保护生态环境。农场主也通过节水及水权交易获得了可观的经济收入,并未因用水量减少而影响农业生产。

> **维多利亚州合同节水管理**
>
> 自2010年,维多利亚州开始采用合同节水节能框架,对州政府所属机构进行节水节能改造,完成21个项目,共414栋建筑,总投资1.36亿澳元,其中节能和节水总效率达到34%(其中年节水16万 m^3),每年平均节约成本费用(包括节能、节水、运行费用、温室气体排放)1 790万澳元,减少未来设备购置成本1 400万澳元,避免资产重置成本5 900万澳元。

政府为节水节能单位提供贷款或贷款担保的方式融资,由专门的节水节能服务公司对用户提供设计、安装和节水节能监测等服务,并签署合同对承诺的节水节能量予以保障。用户以每年节约的费用偿还贷款,一般要求 7~8 年还清全部贷款。在项目收益方面,除节水节能外,还包括用户减少未来设备购置成本和资产重置成本等;政府通过减少供水和基础设施投资获取收益;专业节水节能服务公司从总承包利润中获得收益。

在合同节水管理项目中,首先由州财政部门对项目进行评估,如果确定项目贷款通过节约水费(包括减少的运营费用)可以在未来 7~8 年内收回,则从贷款或资金上支持项目。节水服务公司通过专业化服务,有效降低客户节水改造风险和成本(客户自行节水改造的机会成本和风险更大),在项目中扮演的角色同样重要

墨尔本理工大学合同能源(节水)管理项目

2014 年,墨尔本理工大学开始以合同能源管理模式进行节水节能改造,项目投资采取共同融资模式,即政府贷款和学校各承担一半经费。节水改造项目包括建设 8 套废水(雨水、洪水、消防)回收及再生利用工程,并对 600 套水龙头、节水马桶、喷淋花洒更新安装。每年可实现节水 2.8 万 m^3。除终端洁具更新技术外,节水技术主要集成了很多废水收集再利用技术。废水回收利用工程包括消防系统废水回收用于冲厕、雨水收集用于冲厕、洪水收集储存用于灌溉、洪水收集用于冷却用水、雨水收集用水灌溉、反渗透膜再生水用于养鱼等。

承包商对节水量予以承诺,项目运营期间节水量不足部分由承包商差额偿还,项目合作期 7 年。墨尔本理工大学以节约的水费(包括节约的运营费用)偿还项目的政府贷款

4.4　经济社会及人类活动影响下的节水措施

随着经济社会发展和人口急剧增长,在提高节水和用水效率方面,需要综合考虑经济社会及人类活动的影响,采用多项措施共同发挥作用,如实施水效标识和标准计划,扶持节水农业、充分利用水价以及公众教育的方式调节用水行为,使节约用水体现在经济社会生活的各个方面。

4.4.1　推广水效标识

澳大利亚生活用水是仅次于农业用水的第二用水大户,政府将控制生活用水作为一项重要的节水措施。家庭节水技术与节水方法的使用,在很大程度上减少了总用水量,减轻了由于用水造成的污染。

澳大利亚是世界范围内推行用水效率标识制度最早、影响最为广泛的国家。用水器具加贴效率标识、实施节水管理和规范节水产品市场是澳大利亚主要的家庭节水技术与节水方法。

4.4.1.1　节水器具产品水效标识和标准

综合考虑节水与用水舒适性,澳大利亚相继推出《水效标识和标准法案 2005》及《2007 年水效标识和标准决定》,规定了水效标识和标准的统一要求,通过规范的立法程序,明确了用水效率标识制度对节水产品设计制造方的责任和权利,为用水效率标识管理和运行提供了法律依据。

水效标识和标准的制定、标识样式的确定是重要的技术环节;对不同产品制定效率等级,等级划分清晰且有明显的梯度,是效率标识制度成功实施的关键。水效标识适用的主

要用水器具见表4-9。

表 4-9　不同产品的水效标识和标准

产品种类	产品类型
水管装置产品	淋浴器
	水龙头装置
	流量控制器(可自愿注册)
卫生器具	洗手间(盥洗室)
	设施(包括水箱供水、抽水马桶等)
	小便器设施
白色家电	洗衣机
	洗碗机

4.4.1.2　水效标识和标准计划

水效标识和标准计划(WELS)是澳大利亚联邦政府与各州或地区合作实行的一项强制性节水计划,替代了之前水服务协会提出的自愿性5A水效标签,于2006年7月1日正式启用。

政府和研究机构对水效标识开展了大量研究,水效标识和标准传递了完整的用水效率信息。根据能效标识图案中的关键要素,要求设计的用水效率标识醒目、易于辨识、适用于各种规格型号、易于在同质产品间比较,同时加贴方便,与能效标识在风格上保持一致。水效标识使消费者可以清晰地分辨出同一类型不同产品的不同用水效率(见图4-5)。水效标识的上部为半圆形的表盘,底座为方形;表盘标有六星,星级越多表明耗水量越小,用水效率越高。

对进口产品进行再加工生产的产品,如果不符合水效标识和标准,仍需要进行检测。如果被贴零星级标识

(见图 4-6),代表该产品不符合水效标识和标准,即不符合
节水要求。

图 4-5　WELS 标签　　　　图 4-6　WELS 零星级标识

　　推广使用节水器具,在消费者中建立用水效率观念,提
高了广大消费者对水效标识的关注度与认知度;创造新的用
户需求,吸引制造商主动投入更多力量研发更为节水的产
品,推动用水器具水效率的整体提升。

　　为推动水效标识和标准计划的实施,部分地区将水效标
识与产品退税政策挂钩。例如购买 3 星以上的花洒可获得
50 美元的产品退税,而购买 5 星或 5 星以上标识的洗衣机产
品可获得最高 150 美元的产品退税[13]。

4.4.1.3　水效标识监管

　　《水效标识和标准法案 2005》包括 12 个部分内容,其中第
5~9 部分规定了水效率标识和标准计划的监管者、产品注册、
违法行为、行政处罚、水效率标识和标准计划的监督和费用。

表 4-10　澳大利亚不同产品节水标签中所示的节水标准

产品/配件		0 星	1 星	2 星	3 星	4 星	5 星	6 星
淋浴喷头	流量/用水量/(L/min)	>16	12~16	9~12	7.5~9			
洗手台/水槽水龙头	流量/用水量/(L/min)	>16	12~16	9~12	7.5~9	6~7.5	4.5~6	<4
双冲水冲洗水箱	流量/用水量/(L/次)		4.5~5.5		4~4.5	3.5~4		
小便池冲洗阀/无水小便池	流量/用水量/(L/次)	>4	2~2.5	1.5~2	1~1.5	<1.0		
洗衣机	流量/用水量/(L/次)	星级评定将被标定在最接近的 1/2 星级处。当评级小于 1 时,则将被定位 0 星级。 　　洗衣机根据用水量的不同进行区分,用水量根据标准 AS 2040.2 在冷水或热水测试时声明的用水量中的较高者来计算。洗碗机根据相应类型产品(使用环境)的用水量来区分						
洗碗机	流量/用水量							
	节水量							

　　为强制实施水效标识和标准计划,水效标识和标准监管机构组建了专门的监管团队。监管者在不提前通知的情况下现场检查和跟踪水效标识和标准相关产品、相关文件、宣传广告;通过评估产品特性,监督现场与水效标识和标准产品供应有关的一切活动。在经营场所不向公众开放时,经该场所所有人同意后,监管者可对场所及该场所内的一切产品和活动进行监管。

　　对于不符合水效标识和标准计划要求的个人或企业,水效标识和标准法案明确了严厉的惩罚措施,可以对违规者进行强制培训和相应的行政处罚;处罚措施包括现场罚款、法院起诉、提交联邦法院进行强制执行。

4.4.1.4 水认证计划

水认证(Water Mark)是澳大利亚标准协会的强制性认证计划,其适用产品主要是给水排水管道系统。水认证针对不同的管道和给水排水产品可能造成的危害,将产品"风险程度"划分为两个等级,制定了不同的规范要求。

水认证是产品质量和性能的认证标准,与水效标识和标准计划相关。在绝大多数情况下,通过水认证的产品能够满足水效标识和标准的要求。如果产品具有水认证标识,并且其安装符合水管工程和排水作业要求,那么产品可在全国得到广泛接受。

图 4-7 水认证标识

4.4.2 推行节水灌溉

人口增长和生活水平提高增加了对粮食的需求,也相应增加了灌溉用水需求,催生了提高农业灌溉效率、扶持节水农业等相关措施。

4.4.2.1 限制农业用水的相关政策

为限制用水,澳大利亚政府出台了一系列农业节水政策措施,鼓励发展节水灌溉和旱作农业。一是政府实施了诸多"农田灌溉节水项目",改造农场灌溉渠道,推广应用先进的微灌、喷灌、滴灌节水技术。二是为保障农业的可持续发展,联邦政府对发展旱作及节水农业给予一定的扶持。例如,对

土地整治计划进行 10% 左右的补贴,在政府资金的引导下,农场主集中连片对辖区的土地进行改良,改善土壤结构;对采取沟灌、滴灌、渗灌等技术措施进行补贴;对灌溉排水集中再循环利用进行补贴。三是严格划定用水配额,不允许农民私自建坝拦水;对建坝拦水有严格规定,不得超过径流量的10%,而且向州政府申请并获其批准。

4.4.2.2 节水灌溉与旱作农业新技术推广

在政府推进灌溉设施和技术的现代化及自动化的同时,灌溉用户也出资实施一些农田现代化和自动化项。在农业灌溉中增加了遥测系统和通信传感器网络等技术的使用,利用远程遥控渠道管理系统替代传统管理方式(通过渠道专用水轮的方式测量灌溉用水量),对各种参数进行远程测量和控制。如果用水需求发生大的变化、出现降水或控制结构失灵,系统能够及时做出响应,减少不必要的输水,避免水资源浪费。改进灌溉技术,不仅提高农作物产量,也减少了灌溉用水总量,节水效率提高了 20% 以上[14]。

在干旱区,采取引进耐旱农作物、以肥调水和深松土地蓄水保墒等节水措施。另外,政府支持科研机构研究和推广节水技术,其中包括冬储地下水技术(将地表多余水资源通过压力贮存在地下含水层,缺水季节可用来灌溉农田)、墒情监测灌溉技术(通过土壤水分监测分析土壤水分状况和作物需水情况,确定灌溉时间和定额)和 3S(地理信息系统、遥感系统和全球定位系统)、3M(制图系统、监控系统和管理系统)等技术的应用,这些技术的应用在农业灌溉上发挥了很大作用。

4.4.3 利用水价调节用水

澳大利亚主要由私营公司提供用水,各公司在服务项目及价格上存在竞争,水价在不同地区有着较大差异。2004年,通过改革水价、制定全成本水价,确保了水的分配和收费构成能够对提高用水效率起到激励作用。改革后,供水企业总收入中的水费收入得到大幅增加,工业产值虽然持续增长,但工业用水量持续降低。澳大利亚的水价机制体现了水资源的商品属性,在用水管理及水市场方面发挥了经济杠杆作用。

4.4.3.1 水价构成

澳大利亚现行两部制和阶梯制水价相结合的水价制度,根据本国国情确定水价,考虑现实情况加以调整。水价是由固定费用和计量水价两部分组成,基本水价为固定费用,不受消费者用水量的影响,计量水价则根据预定水量或实际用水量而收取,部分城市的计量费用分两步或三步阶梯式计量。各地区城市水价结构见表4-11。

维多利亚州颁布了新的水价标准,新标准废除了原来供水、污水处理根据资产净值计价的办法,改为消费者根据其用水量和排污量付费。居民水价分为基本水费(固定成本费)和计量水费。基本水费包括供水、排污费和园林绿化服务费,其中的排污基本费较供水基本费高出许多,反映了澳大利亚的水价结构的导向性,通过较高的污水处理费用,调节用水行为,促进当前和未来水资源的合理分配。

表 4-11　各地区城市水价结构

地区	水费结构	固定费用 /澳元	阶梯水价 /(澳元/m³)
首都	两部制、两步阶梯计量	101.14	2.6/5.22
北部	两部制	18.92	2.08
	两部制	135.12	2.13
	两部制	167.40	2.12
	两部制	263.71	1.73
南澳大利亚	两部制	201.50	3.27
	两部制、两步阶梯计量	590.00	2.10/3.30
	两部制、三步阶梯计量	292.97	2.37/3.04/3.50
	两部制、三步阶梯计量	167.16	2.72/2.76/3.32
	两部制、三步阶梯计量	293.00	2.41/3.45/3.73
维多利亚	两部制	168.32	2.21
	两部制、三步阶梯计量	170.40	1.79/2.10/3.10
	两部制、三步阶梯计量	97.84	1.95/2.36/3.90
	两部制、三步阶梯计量	82.44	1.75/2.13/3.44
	两部制、三步阶梯计量	215.26	1.38/1.84/3.67
	两部制、三步阶梯计量	120.26	1.78/2.08/3.08
西澳大利亚	两部制、三步阶梯计量	188.10	1.34/1.75/2.40
塔斯马尼亚	两部制	384.49	0.90

　　水价按用途可以分为三类：一类为工业用水水价，完全按照市场运作，价格中包含所有成本费用，并考虑一定的税收和供水公司的利润；二类为城市居民用水水价，主要考虑成本价和供水公司适当的利润；三类为农牧业用水水价，政府一直采用倾斜政策，水价主要为供水公司的成本价，以调动农民生产积极性，降低生产成本，水行政部门每年在供水公司的核算中，对不能回收的部分水成本采用政府补贴的办

118

法,使供水公司维持正常发展。根据实际情况,州政府定期发放当年的水价标准[15]。另外,政府还采取低价格刺激,提倡中水回用。各州水价调整过程和申报程序一致,但调整时间间隔可以不同。近年来,昆士兰州和维多利亚州的水价以5年为一期调整和改革。

4.4.3.2 定价原则

收回成本是澳大利亚收取水费的目标之一,成本回收率是衡量水价合理的重要指标。澳大利亚的水费价格上限原则是,水价制定要基于用水户的可承受能力。

澳大利亚对水价改革设定了下限和上限。下限是指制定的水价应能回收运营、维护和管理成本、外部成本、税收或其等价物(不包括所得税)、债务利息成本、股息,并为设施更新和置换预留年度资金。股息设定的水平应反映现实情况,并刺激市场竞争。上限是指为了避免垄断,确定的水价不应超过回收运营、维护和管理成本、外部成本、税收或其等价物(不包括所得税)、债务利息成本、股息、资产消耗成本和资本投资成本。

近年来,澳大利亚城市水价总体呈增加趋势。据国际水协会(IWA)发布的国际水价(2013年)数据显示,澳大利亚年度人均水费为549.55美元。目前,不论是城市供水企业、还是农业灌溉公司都能盈利;相关部门和专家认为,定价是一种有效的经济工具,可以使人们认清水的价值。

4.4.3.3 定价主体

水价制定过程由独立的第三方咨询公司与监管机构(不属政府机构)进行,最后由政府核批实施。一般流程为:

首先由第三方咨询公司与监管机构共同提出水资源费

价格,一般限高价,不同安全级别的用水采用不同的价格。

其次,各州水源公司在水资源费的基础上,加上寻找水源和蓄、输水的成本及应得利润,提出供给各地方供水公司的批发价。

最后,各供水公司在批发价的基础上,加上自己制水和输水的成本及应有的利润,确定零售给各用水户的水价。但是,后两者的定价仍要接受第三方咨询公司与监管机构的咨询、政府的监督以及公众的听证,最后由政府核批。例如,澳大利亚东南水务公司制定水价时,需听取社会利益相关方的建议,同时成立咨询委员会,为用户答疑解惑并反馈用户意见。

规范水价制定和监管流程,有利于鼓励居民节约用水;为保证水价制定的科学性,聘请独立的咨询专家对供水成本和收费结构进行分析;政府核准水价,有利于防止供水行业出现垄断现象。但是,如果政府对市场了解不充分或者成本估算环节不透明,定价过低或过高,均会损害消费者或供水方的利益[16]。在澳大利亚国家水资源倡议下,国家水资源委员负责评估各州在价格改革方面的表现;2005 年的水价进展评估显示,各州均已达到下限目标。

4.4.4 开展节水教育与奖励

4.4.4.1 节水宣传

澳大利亚政府重视节水理念的宣传,使公众认识到节水是为了共同的美好家园,公众的认同感促使了"要我节水"到"我要节水"的深刻转变。政府通过电视台节目等渠道传播节水新产品和信息,宣传在花坛里铺木屑能够减少花坛水分的蒸发,推荐使用可以自动关闭水源的新型水管喷头等;为家庭提供各种器具的正确使用方法,对可能造成的潜在浪费水情况进行研究,并通过各种途径义务向家庭介绍。

图 4-8　节水政府倡议及宣传册

4.4.4.2　节水教育体系

政府重视通过教育改变不良用水习惯。实施了学校节水教育的长期计划,以授课方式介绍有关水资源价值、保护、节水等知识,形成了小学、中学、大学全覆盖的完备体系。节水教育体系分为初级教育(小学阶段)、中级教育(中学阶段)、高等教育(大学阶段),目标是为学生及其家人以及广泛的社区成员,介绍有关水资源价值、保护、节水等的相关知识。该计划为长期综合教育模式,以授课方式进行,其中还包括社会、环境等领域的相关知识,是对现有教学课程的一种补充。

4.4.4.3　节水激励措施

政府采用奖励措施鼓励节水。政府每年设立 20 亿澳元的供水基金,其中 2 亿澳元是社区用水专用拨款。在城市生活用水方面,政府奖励居民使用节水器具;悉尼居民如果购

买一台节水型洗衣机,可得到政府 150 澳元的补助;奖励居民修建集雨装置贮存水浇灌花草树木,塔斯马尼亚的某个社区居民因修建了收集暴雨装置,得到了联邦政府社区用水专用拨款 1.22 万澳元的奖励。

参考文献

[1]刘峰,段艳,马妍,典型区域水权交易水市场案例研究[J].水利经济,2016,34(1).

[2] Annual water consumption per capita worldwide in 2017 by select country (in cubic meters). https://www.statista.com/statistics/263156/water-consumption-in-selected-countries/.

[3]孙迎春.澳大利亚整体政府改革与跨部门协同机制[J].中国行政管理,2013(11).

[4]张仁田,鞠茂森,Z Jin-zhang.澳大利亚的水改革、水市场和水权交易[J].水利水电科技进展, 2001,21(2):65-68.

[5]美国环境保护署.环境执法原理[M].王曦,王夙理,等译, 1999.

[6]池京云,刘伟,吴初国.《澳大利亚水资源和水权管理》,2016(05).

[7]王勇.浅析澳大利亚流域治理的政府间横向协调机制探析——以墨累-达令流域为例[J].科学经济社会,2010(11).

[8]What's the difference between a water access entitlement and a water allocation? https://www.environment.sa.gov.au/topics/river-murray/water-markets-and-trade/entitlements-allocation-and-trade

[9] Water Storage. http://bom.gov.au/water/dashboards/#/water-markets/mdb/at.

[10]马建琴,魏蕊.我国与澳大利亚干旱管理政策的对比[J].人民黄河,2011(8).

[11]维基百科,澳大利亚限水令,https://en.wikipedia.org/wiki/Water_restrictions_in_Australia.

［12］Water in Australia(2017-18),Bureau of Meteorology,2019(5).

［13］王丹,李文明,殷春霞,等.澳大利亚用水效率标识制度框架分析
　　　［J］.国外水利,2011(21).

［14］童国庆.澳大利亚:革新农业灌溉节水技术［J］.中国水利报,2014
　　　(8).

［15］Water Price Review 2018. https://www. esc. vic. gov. au/water/wa-
　　　ter-prices-tariffs-and-special-drainage/water-price-reviews/water-
　　　price-review-2018#tabs-container1.

［16］董石桃,蒋鸽.发达国家水价管理制度对我国的启示［J］.政府与
　　　经济,2017(06).

第5章 美 国

提 要

美国水资源总体较为充沛,人均水资源占有量约 8 850 m³,远高于中国。美国西部地区水资源较为紧张,供用水压力大,东部地区水资源相对丰沛,但部分地区存在时空分布不均,也存在一定的供水压力。美国耕地面积达 24 亿亩,是中国的 1.2 倍。粮食总产量 50 亿 t,是中国的 83%,是全球最大的农产品出口国。美国全国灌溉用水量约 1 760 亿 m³,不到中国的一半;节水灌溉面积规模达 2.4 亿亩,占总灌溉面积的 63%,大规模集约化生产为农业用水效率提高提供了基础。

美国服务业高度发达,产值占 GDP 比重达 81%,而工业、农业为 18%、1%。从水的产值来看,美国万元 GDP 用水量不到我国的一半,万元工业增加值用水量高于中国,也高于其他发达国家。产业结构的差异可能是主要因素。

20 世纪 60 年代起,美国开始注重节水并取得显著成效。虽然人口持续增长,但自 1980 年开始总取水量逐渐下降,自

2005 年开始市政供水量下降,自 2010 年开始生活用水量减少。美国的各项节水政策和措施不仅涵盖面向用水大户的工业循环用水、农业规模化种植、节水灌溉等,也包括深入社区、民众生活的入户调查和用水审计、校园和社区宣传、节水器具的优惠等活动。政府一般通过政策、信息、资金、设备和设施保障等多种方式,引导公民提高节水意识和实践能力,约束浪费水的行为。除非遇到紧急情况或特别干旱,政府一般不对公众用水采取严格的限制性措施。

加利福尼亚州、得克萨斯州和马萨诸塞州是美国具有代表性的、节水较为出色的州。由于经济产业结构和气象、水文条件不同,三个州节水工作的侧重点也不同。位于美国西部的加利福尼亚州,干旱缺水,是美国人口和国内生产总值最高的州,农业和工业发达,用水量为全国第一,依靠调水工程,侧重于农业节水和工业节水。位于美国西南部的得克萨斯州,降水时间分布不均,是美国较为干旱的地区,以农牧业和能源化工为主,农业用水占全州的 58%,农业灌溉用水 90% 来自地下水,以农业节水为主。位于美国东北部的马萨诸塞州,水资源相对充沛,工、商、服务业发达,人均 GDP 位列全国第二,存在季节性缺水和水污染双重问题,侧重于节水减排。

5.1 地理、经济及水资源利用概况

5.1.1 自然地理

美国位于北美洲中部,国土面积约 937 万 km^2。行政区包括 50 个州和哥伦比亚特区(首都华盛顿所在地),有 3 042 个县。

本土自然地理主要特征是地势东西两侧高、中间低。西部的落基山脉和东部的阿拉巴契亚山脉大致将本土分为东南部沿海平原、东部阿巴拉契亚山地、内陆平原、西部山地等4个区域,不同区域自然条件和气候特征相差较大。以西经95°为界,东部年降水量 800~1 000 mm,为湿润和半湿润地区;西部亚利桑那州、科罗拉多州、加利福尼亚州、新墨西哥州、内华达州、犹他州、蒙大拿州、怀俄明州、爱达荷州、俄勒冈州、华盛顿州、北科达他州、南达科他州、内布拉斯加州、堪萨斯州、得克萨斯州等 17 个州年降水量在 500 mm 以下,为干旱和半干旱地区;西部内陆区年降水量约 250 mm,科罗拉多河下游地区甚至不足 90 mm,为全国最干旱、水资源最为紧缺的区域。

主要水系包括墨西哥湾水系(由密西西比河及格兰德河等组成,流域面积占美国本土面积的 2/3)、太平洋水系(包括科罗拉多河、哥伦比亚河,萨克拉门托河等)、大西洋水系(包括波托马克河、哈得逊河等)、白令海水系(阿拉斯加州育空河等)和北冰洋水系(阿拉斯加州注入北冰洋的河流)。

耕地面积约 23.66 亿亩,占陆地面积的 20% 以上,占世界耕地总面积的 13%,位居世界第一,是我国的 1.2 倍。美国规划了 10 个农业产区。根据自然条件和资源禀赋,各区重点生产 1~2 种农作物。如加利福尼亚州阳光充沛,干旱缺水,以种植水果和灌溉农业为主;五大湖及东北地区,土地贫瘠,气候冷湿,是主要的畜牧业区;南部热量条件好,雨热同期,适宜棉花生长;西部中央大平原,位于西风背风坡且远离东部大洋,降水少,是主要的畜牧业区和灌溉农业区。中央大平原的中部和北部,地势平坦,水源充足,是小麦产区;中部地势低平,土层深厚,气候温和,雨量适中的地区,是玉米产区。

全国人口 3.29 亿(2019 年美国人口调查局统计数据),主要分布在东部沿海地带、西部沿海地带、密西西比河下游及五大湖区。

5.1.2 经济及产业结构

美国是世界上最大的发达经济体,GDP 居世界首位。2019 年,美国 GDP 为 20.43 万亿美元,人均 GDP 为 6.23 万美元,人均收入为 5.04 万美元。

2019 年第一产业约占 GDP 的 0.9%,第二产业约占 18.1%,第三产业占 81%[1]。与大部分发达国家一样,美国第三产业高度发达,远高于我国,但第一、第二产业比我国低。

美国是世界上最大的工业化国家,制造业发达。但自 20 世纪 70 年代开始,制造业大量外迁,金融业和信息科技迅速崛起。近年来,美国政府实施"再工业化"战略,推动制造业回流,提高就业(见图 5-1)。

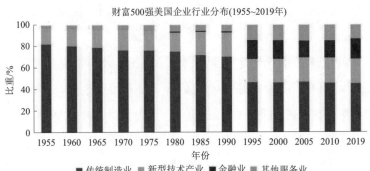

图 5-1 传统制造业企业比重(资料来源:京东数字科技)

美国农业高度发达。粮食作物主要有玉米、小麦、大豆、棉花等,经济作物主要为烟草、马铃薯、燕麦、柑橘、甜菜等。粮食总产量约占世界总产量的 20%;玉米和大豆产量均居世界第一位,小麦产量居世界第三位(仅次于中国和印度),是全球最大的农产品出口国。畜牧业主要以鸡、牛、猪养殖为主,鸡肉和牛肉产量居世界第一位,猪肉产量居第三位(仅次于中国和欧盟)[2]。

5.1.3 水资源利用

5.1.3.1 取用水总量情况

美国水资源总量约为 3 万亿 m³,居世界第三位,其中人均淡水资源约 8 850 m³(FAO 数据库. http://www. fao. org/aquastat/en/)。根据 2015 年《全国取用水情况调查报告》(当前最新版),全国总取水量为 4 449 亿 m³,其中淡水占 87%(地表水占 71%,地下水占 29%),咸水占 13%。

热力发电和农业灌溉的取水量居前两位,分别占总取水量的 41.35% 和 36.69%,公共供水占总取水量的 12.13%,为美国 87% 的居民生活、非自采水工业、商业用水提供水源(见表 5-1)。

加利福尼亚州、得克萨斯州、爱达荷州、佛罗里达州、阿肯色州、纽约州、伊利诺伊州、科罗拉多州、北卡罗来纳州、密歇根州、蒙大拿州和内布拉斯加州等 12 个州的取水量占全国的一半以上。其中,加利福尼亚州占近 9%,主要用于灌溉;得克萨斯州占近 7%,主要用于热力发电、灌溉和公共供水。得克萨斯州、加利福尼亚州、佛罗里达州的咸水应用也非常广泛,佛罗里达州的咸水取水占全美的 23%,主要是用于热力发电;得克萨斯州和加利福尼亚州占 58%,主要用于采矿。

表 5-1　美国用水情况[3]

项目	年用水量/亿 m³	百分比/%
公共供水	540	12.13
家庭自采水	44	1.01
灌溉	1 632	36.69
牲畜	29	0.62
水产养殖	105	2.35
工业自采水(制造业)	204	4.60
采矿	55	1.24
热力发电冷却	1 840	41.35
总量	4 449	100

5.1.3.2　用水结构及用水效率

美国人均综合用水量(2017 年)为 1 206.8 m³[4],为我国的近 3 倍。从行业来看,2015 年,工业用水量约 2 096 亿 m³(占比 47%),农业用水量约 1 762 亿 m³(占比 39.6%),服务业等第三产业用水量约 591 亿 m³(占比 13.3%)。

美国用水结构有以下三个特征:

(1)服务业为主的产业结构提高了单位用水产值。

美国万美元 GDP 用水量为 266.2 m³,中国为 557 m³,美国服务业等第三产业占 GDP 达 81%,而中国仅占一半多。以服务业为主的产业结构用水效益高,更有利于节水。

美国依然保留一些高耗水制造业,工业用水效率远不如其他发达国家和中国。美国万美元工业增加值用水量为

666.4 m³❶,是中国的 2.6 倍。

(2)节水灌溉占比高,集约化农业生产效率高。

美国平原广阔,农业生产以大农场为主,总计 220 万余个农场(平均面积约 2 500 亩)❷。美国耕地面积比中国略多,农业总产值和粮食产量低于中国。2015 年,美国灌溉面积为 3.85 亿亩,其中喷灌面积为 2.10 亿亩,滴灌面积为 0.35 亿亩,节水灌溉面积占总灌溉面积的 63%。灌溉面积仅为中国的 1/3,但节水灌溉面积占比远超中国(见表 5-2)。

表 5-2　美国和中国农业用水对比❸

指标	中国	美国
农业产值/亿美元	9 618❹(2017 年)	4 447(2017 年)
粮食产量/亿 t	6.2(2017 年)	4.4(2017 年)
耕地面积/亿亩	20.2(2016 年)	23.6(2012 年)
灌溉面积/亿亩	10.2(2018 年)	3.85(2015 年)
灌溉面积比重	50.5%	16.3%
灌溉用水量/亿 m³	3 693(2018 年)	1 762(2018 年)
单位面积灌溉水量/(m³/亩)	362	457
喷灌滴灌比重	13.7%(2015 年)	63%(2015 年)

美国主要以需水量较低的玉米、小麦、大豆等旱地农作为主,耗水较少,我国水稻种植占 30% 左右。1994~2013 年,

❶来源:水利部发展研究中心。
❷美国国家农业统计局 2012 年统计数据。
❸美国数据主要来源于世界银行、美国自然资源管理局、美国地质调查局;中国数据主要来自水资源公报、国家统计局、国际灌排协会。
❹中国的农业产值为 64 734 亿元,按当年汇率 6.73 折合。

美国喷灌、滴灌面积占比明显增加(见图5-2),但西部州有超过一半的灌溉农田采用传统灌溉模式。农业水价普遍偏低,民众节水意愿并不高。总体上,美国亩均灌溉水量高于我国。

美国农业部 2013 年农田灌溉调查(USDA Farm and Ranch Irrigation Survey)报告显示,在灌溉投资上,近乎一半的投入是定期的系统维护和替换,27%的投入用于建设新的节水灌溉系统,24%是为了加强农田节水。这在一定程度说明美国农业规模化生产和灌溉系统主要是为了降低生产成本,但同时达到了节水目的。

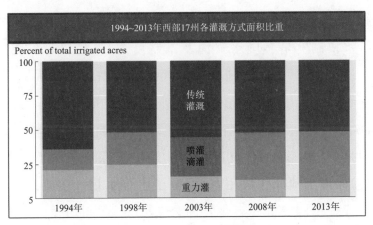

图 5-2　美国西部 17 州 1994~2013 年灌溉技术占比变化[5]

(3)人均生活用水量及家庭景观用水占比高。

美国人均生活用水量为 310 L/d(2015 年),远高于中国(174 L/d)。美国拥有独立住宅的家庭较多,室外景观用水量大,如一块典型的美国郊区草坪约需要 37.9 m³/d 的额外补给水[6],家庭花园和草坪平均用水量占家庭总用水量的1/3,干旱地区(如得克萨斯州、加利福尼亚州)的室外绿地用

水甚至占家庭用水量的 1/2[7]。

美国各州人口增长率和人均生活用水情况呈现的特点是,人口增速快的州生活用水量普遍偏高,整体较为干旱的西部各州的生活用水也普遍高于东部和中部州。

5.1.4 水资源管理

美国是联邦制国家,水资源为州所有。美国在水资源管理方面尚无全国统一的成文法,实行以各州自行立法与州际协议为基础的水资源管理机制,州际间水资源开发利用矛盾由联邦政府有关机构协调,若协调不成则通过司法程序解决[8]。

水权制度是美国水资源基本制度之一。美国东部处于湿润地区,实行沿岸权制度(也称河岸权,Riparian Doctrine);西部干旱少雨,采用优先占用权制度(先占先得,Prior Appropriation Doctrine);中部各州主要采用双重混合水权体系。此外,为保护生态环境、航运、鱼类、娱乐等保留了联邦公共水权,为保障当地原住民用水,保留了土著水权。多年来,美国水权管理积极推行私有化转向公共管理,逐渐加强国家公权力对水资源配置的干预,例如,在水权制度上实施了取水许可制度。

水资源管理机构分为联邦级、州级和地区级(县和市)三层。联邦层面涉水机构较多,包括联邦垦务局、陆军工程师兵团、农业部自然资源保护局、田纳西河流域管理局、地质调查局、鱼类与野生生物管理局、环境保护署等机构,以及流域委员会(主要起协调作用)。州一级是水资源管理的主体,在

大多数州内既有联邦直属的涉水机构,还有本州内的水资源
管理部门(如水资源局),与联邦直属机构平行,分工协作。
州以下设立地区级水资源局,负责管理供水、排水、污水处理
等事务。

　　美国对民众用水的约束监管主要依靠各州法律法规,联
邦政府主要通过资金支持、项目建设和宣传教育等方式,引
导社会各界提高用水效率、保护水资源和节约用水。

5.2　节水行动发展历程[9]

　　60 年前,美国就提出了"节水"的概念。随着人口的逐
渐增多,水资源短缺日渐突出。到 2013 年,36 个州面临着水
短缺问题。几十年来,美国采取了一系列措施推动节水
工作。

　　根据美国地质调查局数据(见图 5-3),20 世纪 80 年代
美国用水量达到峰值,1980 年为 16.62 亿 m^3/d;此后,虽然
人口仍在持续增加,2015 年人口(3.21 亿)较 1980 年(2.27

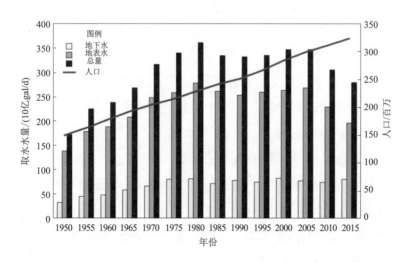

图 5-3 1950~2015 年美国人口和淡水取水变化趋势

亿)增加约 41%,但是用水总量却在减少[10];2015 年用水总量较 1980 年削减了 26.7%。市政供水自 2005 年(1.68 亿 m³/d)开始下降,2015 年为 1.48 亿 m³/d;生活用水从 2010 年开始减少,2015 年人均生活用水为 310 L/d。

美国节水发展可以分为以下三个阶段[11]。

5.2.1 启动用水管理的阶段(20 世纪 60~70 年代)

为控制用水量增长,1965 年,美国国会通过了《水资源规划法》,并据此组建了由农业、能源、商业、国防、内务、城建和运输以及环保各部(局)参与的"国家水资源委员会(WRC)",主要任务是研究全国水资源变化趋势,拟定水资源合理管理的原则与实施措施[12]。20 世纪 60 至 70 年代,国家水资源委员会先后组织了两次全国水资源评价工作。

1968 年的第一次全国水资源评价主要基于传统用水需水,根据需水量与经济和人口同步增长的原则,预测了 1965~2000 年全国国内生产总值年增长率与全国总需水量。评价结果显示,按照当时已有用水政策,2000 年的全国总需水量将是 1965 年的 3 倍以上。

20 世纪 70 年代,美国开展了第二次全国水资源评价。这次评价的指导思想有了重大转变,考虑了相互联系的 10 个因素,包括地表水不足、地下水超采、地表水污染、地下水污染、饮用水水质、洪涝灾害、土壤侵蚀与淤积、水体疏浚与清除物处置、湿地萎缩、海湾、河口与沿海水域退化等因素;把环境问题放在突出地位,强调了节水和制造业水循环利用,提高工业用水循环率,减少取水量、降低污水处理量和控制水污染。

在 20 世纪 70 年代前,节水主要是干旱和临时缺水的应急措施;70 年代后,受电力部门节约用电的影响,逐渐重视节水,许多节水措施应运而生。

5.2.2 从调水向节水转变的阶段(20 世纪 80 年代)

20 世纪 80 年代,美国进入建设大型水利工程的尾声。从科罗拉多河调水的犹他州中部项目和亚利桑那州中部项目,是最后两个大型联邦水利工程[9]。美国国会预算办公室指出,由联邦投资建设大型水利工程项目的时代已成为过去。一方面是美国当时正在推动《清洁水法案》的落实,水资源管理的重点转向水环境和水生态保护;更重要的方面是,远距离调水等水利工程的成本过高。亚利桑那州调水工程(自科罗拉多河取水,经凤凰城地区向图桑市供水,主干渠全长 530 km,设计调水量 17 亿 m^3/a,建设期为 1941 ~ 1993年),调至图桑市的用水成本是当地地下水水源的 5.6 倍。

基于这一现状,联邦政府做出重大战略转变,从建设调水等水利工程转向实施节水工程。各州纷纷开展节水运动。在马萨诸塞州大波士顿地区,因为环保组织反对调水,政府采取了更换节水器具等措施,避免了调水工程对水源地大马哈鱼等生物的影响,节水所需成本仅为调水的一半左右。

5.2.3 推进城镇节水的阶段(20 世纪 90 年代至今)

1990 年,美国召开了"节水 90(CONSERV90)"会议,这是美国首次全国性节水会议,将节水纳入了供水管理工作。

现在,各州已普遍将节水和用水管理作为州水资源总体规划的一部分。

在环保署的督促和协调下,各级政府部门陆续制定了针对本地区的水资源有效利用计划。随着城市用水的急剧增长,各州、县制定的节水相关法案越来越多,如纽约市制定了《安全饮水法》《地表水处理规定》等法规。这些法规涵盖水资源开发、利用和保护全过程,涉及政府、企业和居民,并特别规定对工商业用水进行严密监控[11]。

一些缺水地区开始了城镇节水运动,更换和安装节水器具是城镇节水的主要措施。1992 年颁布的《美国能源政策法》,规定了节水型用水器具的标准。当时的居民室内的老旧水龙头、厕所和淋浴头用水量约 174 L/d,更换为节水型器具后可降至 79 L/d,节水效率提高超过 50%[13]。美国环保署曾经对 50 个州开展节水调查和评价,其中加利福尼亚州和得克萨斯州的效果最好[14]。

在此基础上,美国开始推行"1995~2025 年国家级城镇节水目标计划"。为了规范城镇供水企业节水措施,降低用水量,1996 年《美国安全饮用水法修正案》要求环保署为公共供水系统制定节水规划指南。环保署于 1998 年颁布了城镇用水的《节水规划指南》(Water Conservation Plan Guidelines),对不同规模公共供水系统制定了节水的最低要求和标准,并提出了一系列节水措施。

2006 年,美国环保署启动了"水效标识(WaterSense)"项目,依据美国《清洁水法案》和《安全饮用水法案》的相关条文,帮助消费者识别市场上同类产品中最为高效和节水的产品,提高生活用水效率[15]。

5.3 政府节水政策与激励机制

随着对环境保护的重视,美国水资源管理的重点转向节约用水、提高用水效率和防治水污染。节水相关政策制度和激励机制主要包括制定节水规划、最佳管理措施、水效标识认证、用水审计以及节水宣传教育等。注重发挥市场在水资源配置中的作用,作为一个高度市场化国家,水价、水资源配置和供求均可通过市场机制调控;水务部门负责管理取、用、蓄、输水和污水处理,水资源按质量和成本计价[16];水价每年调整一次,在充分考虑运行管理成本外,部分州也收取水资源费。

5.3.1 节水规划和标准

通过出台相关政策规章,对节水进行顶层设计和规划,并对落实节水工作提供指南。联邦政府出台的《节水规划指南》《能源法案》等,用以指导全国节水工作;各州的水法案大多有节水章节,各州还发布了用水器具规范或节水标准以督促节水。

5.3.1.1 联邦《节水规划指南》

1. 出台背景

在环保署出台联邦《节水规划指南》前,已有 18 个州或地区制定了各自的节水规划指南(见表 5-3)。许多州规定用水单位在申请取水许可或国家资助时,需要完成节水规划。

表 5-3　1997 年已有节水规划指南的州 (机构)[17]

地区	定价和费率	用水计量	用水审计	渗漏修复	设备更新	景观美化	再利用	公众教育	管网压力控制	其他
亚利桑那州	目标导向规划——不要求具体措施									
加利福尼亚州	P	P	P	P	P	P		P		
科罗拉多州	P			P	P	P	P	P		
康涅狄格州	S	S	S	S	R		S	R	S	S
佛罗里达州	S	S		S	S	S	S	S		S
乔治亚州	P	P		P	P		P	P		
堪萨斯州	P	P		P	P	P	P	P	P	
肯塔基州		R		R						
马萨诸塞州	S	S		S				S		
明尼苏达州	R	P	P	P	P			R	P	
内华达州	R	R	S	R	R	R	R	R	R	
新泽西州	R	R		R	P		P	P		
纽约州	S	S	S	S	S			S		
罗德岛州	R	R	R	R		R		R		
得克萨斯州	P	P	P	P	S	S	S	P	S	S
华盛顿特区	P	R		P	P	P	P	R		
美国农垦局	S	S	S	S	S	S	S	S		S
特拉华流域委员会	P	P		P	P					

注：S—建议考虑；P—规划必须涉及；R—被要求的项目或措施。

　　1996 年美国在对《安全饮用水法》修正时，意识到了在州立饮用水循环基金 (State Revolving Fund) 等基础设施投资方案中的节水潜力。适当规划和实施节水项目，可以减少污水排放量，缓解对污水处理设施的建设需求，不但可以节省大量建设成本，也可以降低州立饮用水循环基金项目的贷款

额,节约的资金还可以用来资助更多的项目。因此,修正案
要求环保署制定节水规划指南;该指南不是强制要求,但基
于指南制定的节水计划是获得州立饮用水循环基金贷款的
先决条件。

1998 年,联邦环保署颁布城镇公共用水《节水规划指南》
(摘译见附录 6),对不同规模公共供水系统分别提出了最低
限度的节水标准,对供水企业提出了一系列节水措施要求,
并将用水审计列为推动和规范城镇供水企业节水的重要措
施之一[18]。

2. 节水规划类别划分

依据供水规模,《节水规划指南》将节水规划分为基础、
中级和高级三个级别(见表 5-4)。对于小于 3 300 人的小型
供水系统,除开展基础规划外,各州可通过小型供水系统的
能力建设策略推进节水规划。

表 5-4 节水规划类型

供水规模	适用的节水规划
服务人口不超过 3 300 人的供水系统	基础规划或能力建设方法
服务人口为 3 300~10 000 人的供水系统	基础规划指南
服务人口为 10 000~100 000 人的供水系统	中级规划指南
服务人口超过 100 000 人的供水系统	高级规划指南

3. 节水规划编制步骤

《节水规划指南》规范了不同级别规划的编制步骤(见
表 5-5)。编制基础规划可参照表中带 * 的步骤,编制中级
规划和高级规划则需遵循表中要求的所有步骤。

表 5-5　节水规划编制步骤

序号	步骤	内容
1	确定节水目标*	确定节水目标(如减少用水浪费、降低建设运行成本、减少环境压力等)与用水规划的关系
2	编制供水系统概况*	(1)记录现有设施、生产特性和用水量。 (2)概述可能影响供水系统和节水规划的情况
3	需水量预测*	(1)根据人口增长、土地利用变化、生产结构调整等预测未来一段时期的需水量。 (2)通过历史和现状用水情况,绘制用水变化曲线。 (3)不确定性讨论和敏感性分析
4	计划供水设施	(1)分析改善供水系统的合理成本,确定可改善的供水系统情况。 (2)根据改进供水设施增加的总成本、年化成本和单位成本,预计可能节约的水量
5	制定节水措施和激励机制	(1)分析可以减少用水的节水措施和激励机制,包括硬件设施和管理方式等。 (2)评估节水措施的效果、使用条件和规范标准,讨论实施建议措施的法律或其他障碍。 (3)确定鼓励用户安装节水设施和节水的激励机制,评估可能忽视节水的因素
6	成本效益分析	(1)预测各措施的节水量、适用用户数量、参与度等。 (2)估算各节水措施的节水效益和实施成本。 (3)比选节水措施,控制成本
7	选择节水措施*	(1)确定可选择的节水措施和激励机制。 (2)对节水措施进行排序,给出选择或不选择的理由。 (3)制定节水措施的策略及时间表
8	制定节水规划*	(1)基于节水目标、用水需求、节水措施和激励机制、节水效益和成本、工程预算和计划安排、监测和进展报告等,制定节水规划。 (2)征求公共事业单位、政府、用户、社会管理机构等利益相关者的意见建议。 (3)由供水系统管理机构对节水规划进行认证

140

续表 5-5

序号	步骤	内容
9	提出实施和评价方案	（1）实施节水措施，监测节水情况、用户参与度、设备维护情况、成本效益等，评价节水措施效果。 （2）对措施进行必要调整和对规划进行适当修订。 （3）定期向公众发布节水报告

《节水规划指南》针对不同级别规划推荐了不同等级的节水措施（见表 5-6），但也鼓励供水系统探索切实可行的节水措施，即水务部门可以根据供水系统规模调整具体措施，不拘泥于《节水规划指南》所规定的最低节水措施要求。

表 5-6 节水措施级别及包含的具体措施

节水措施级别	具体节水措施	适用的节水规划的建议
一级	通用计量、水资源核算与损失控制、成本与定价、信息与培训	基础规划
二级	用水审计、改造升级、水压管理、景观效率	中级规划
三级	替代与推广、循环利用、水资源利用法规、资源综合管理	高级规划

5.3.1.2 联邦《节水项目运营管理标准》

《节水项目运营管理标准》（译文见附录 7）由美国给水工程协会（AWWA）于 2013 年 1 月审核通过。同年 4 月，美国国家标准学会（ANSI）也予以核准。美国给水工程协会制定标准，美国国家标准学会进行核准，这种做法在水务等公用事业部门已延续 90 余年。

这是一项主要针对水务公司实施节水项目的通用标准和准则，阐述了节水项目的关键要素，涵盖水务公司自身运

营中的各项活动,主要通过供给侧的配水系统管理以及需求侧的用水计费和宣传教育,改善用水状况。

《节水项目运营管理标准》主要对水务公司提出如下要求:

(1)指定专门的节水协调人(联络员),负责规划和实施节水工作。最低要求是指定一名员工兼任节水协调人,作为查询有关节水事项的主要联系人。

(2)制定和实施节水规划。规划必须涵盖所有相关客户类别,包括项目绩效目标和进展评估等一整套基准,包括供水评价、节水策略、节水目标、规划评估和正在实施中的规划等。

(3)同等对待节水与其他供水方案,在进行供需预测分析时,酌情将节水作为供水方案组合的一部分。

(4)开展提高意识、培育节水文化和促进行为转变的信息活动,或将其纳入现有计划。

(5)制定和实施强制性禁止水浪费条例。

(6)所有水源和供水接入都需要计量,实行促进节水的计量方式。

(7)采用非优惠性费率,为客户节约用水量提供经济激励。非优惠性水费结构包括阶梯费率、边际成本定价、季节性费率、基于水平衡的费率等,并及时向客户提供水费账单。

(8)优化景观灌溉系统,提高景观灌溉用水效率,开展灌溉方法宣传教育,劝阻客户过度浇水,利用水平衡预算减少用水。

(9)进行水审计及漏损控制,最大限度地减少配水系统的水漏损。

（10）向客户推广采用和维护节水产品、做法和服务，鼓励使用满足水效规范和标准的器具。

《节水项目运营管理标准》不是强制性执行，而是由用户自行选择其中的方法。

5.3.1.3 州立节水标准——《马萨诸塞州节水标准》

《马萨诸塞州节水标准》于 1992 年首次出台，经多次修订，最新为 2018 年版（译文见附录 8）。该标准确定了全州节水和高效用水的目标和要求，涉及供水规划和管理的 10 个关键领域，包括：

（1）综合规划和干旱管理规划。要求制定和执行干旱管理规划和应急规划。社区节水规划应包括供水系统、废水系统和雨水系统。供水公司须定期向地方政府报告耗水和供水情况。建议干旱的地区建立水银行。

（2）水漏损控制。核算供水系统的分水量，以及基础设施管理和维护。马萨诸塞州环保局要求，年用水量超过 13.8 万 m^3（日均用水量超过 378.5 m^3）的供水公司，在年度统计报告中应计算漏损水量，完成基本的水审计工作；开发漏损控制程序，将漏损率限制在 10% 以下，至少每三年开展一次全系统范围的检漏工作；开展水审计、水系统压力管理和供水管道漏损控制、漏损监测服务、管网减压和对偷水行为处罚等工作。

（3）计量。计量地下水和地表水取水量，确保监测到所有取用水，了解全州需水情况。

（4）水价。以回收供水服务费计价为基础确定水价，不得使用递减型分档费率等。

（5）生活用水。规定每人生活用水上限为 246 L/d，并要

求采用住宅综合节水设施等。建议选择低耗水管道和节水器具(如高效节水马桶、高效节水洗衣机等)、修复漏损等。

(6)公共部门用水。建议市政机构率先节水,进行室内外用水审计、用水数据分析和使用节水设备等。

(7)工业、商业和机构用水。针对工业、商业和医院、学校等机构设施,要开展用水审计、大型用户分部计量、实施节水措施和规范草坪、景观用水行为等。

(8)农业用水。在马萨诸塞州,农业用水者往往需要自行取水,取水量很大。《马萨诸塞州节水标准》要求农业用水要确定合理的灌溉制度、开发土壤健康管理系统等。建议农业行业协会和种植者团体采用最佳管理措施,需要补充灌溉的地方应采用微灌系统等。在马萨诸塞州,约70%蔓越莓种植实施了节水计划,5年内节约了1 250万美元用水成本。

(9)户外用水。景观和草坪用水不能损害公共和环境安全。建议通过合理的节水措施和用水方式,降低用水,提高灌溉效率,旱季应遵守州的具体规定等。

(10)公众教育及其他服务。建议通过公共教育等进行节水教育、加强用水宣传和指导民众节水。

5.3.1.4 州立节水设计标准——《得克萨斯州建筑物和高等教育机构设施节水设计标准》

《得克萨斯州建筑物和高等教育机构设施节水设计标准》(译文见附录9)于2016年4月正式发布,该标准要求所有新建建筑和重大改造活动实施节水措施,准确地计算用水量,并向公众展示节水技术和理念,最大限度地提高公共供水系统的效率,增强公众对节水长期经济和环境效益的认识,同时达到更好地平衡水、污水、能源和其他相关成本的目的。

该节水设计标准逐一对以下 11 个方面提出相应要求：

(1)灌溉与景观设计。

(2)采暖、通风与空调(含冷却塔和蒸汽锅炉)。

(3)制冷与水处理。

(4)雨水集蓄、再生水、循环水与中水回用。

(5)卫浴设备和水泵。

(6)洗衣房。

(7)餐饮(包括餐具洗涤、垃圾处置等)。

(8)用水计量。

(9)车辆维修和清洗。

(10)实验室设施。

(11)泳池、水疗浴场和特殊用水设施。

5.3.2 节水最佳管理措施库

最佳管理措施库(BMPs)最初是美国环保署为"清洁水行动"归纳的一系列环保措施,分为工程措施和非工程措施,后来拓展到农业和水资源管理等领域。其思路是不同地区可以建立适合本地区的最佳管理措施库,政府机构或用户根据需求在库中选择合适的措施。

许多州基于本州节水实践和州水资源规划要求,出台了节水最佳管理措施库。最佳管理措施包括增效措施、采用技术、实施步骤、适用范围、节水程序、成本效益考虑,以及最终用户实施指南等内容。

5.3.2.1 得克萨斯州节水最佳管理措施

得克萨斯州的节水最佳管理措施,是实施节水的各类措施的选项库(见表 5-7),涉及农业、市政、工业、生活等行业

的直接措施和间接措施[19]。目前,州内大部分城市都采纳了最佳管理措施。农业节水的最佳管理措施,主要涵盖管理、教育和现场实施的综合措施,侧重提高用水效率;商业和工业用水部门的最佳管理措施,主要以减少用水和废水处理成本,提高用水效率为目的;生活用水的最佳管理措施,主要是提高供水服务效率和用户用水效率。

表 5-7　得克萨斯州节水最佳管理措施分类

行业	类别	最佳管理措施
农业	种植和管理措施	作物残留管理和保护性耕作、灌溉制度、灌溉用水测量
	土地管理系统	灌丛防治和管理、等高种植、将补充灌溉农田转为旱地、沟堤、土地平整
	农田供水系统	滴/微灌系统、农田配水系统的门控和柔性管道、线性移动喷灌系统、农田灌溉沟渠衬砌、低压中心枢轴喷灌系统、用管道替代农田灌溉沟渠、用于农田配水系统的涌流灌溉
	水区供水系统	区域灌溉渠的防渗衬垫、用管道替代灌区运河和侧运河
	信息收集和教育	成本效益分析、田间灌溉审计
商业和公共机构	测量、监视和测量; 管道装置、配件和设备; 食品服务运营; 洗衣操作; 水处理; 实验室和医疗设施; 冷却塔、锅炉和其他热力操作; 游泳池、水疗中心和喷泉; 车辆冲洗; 备用水源	

续表 5-7

行业	类别	最佳管理措施
工业	节水分析和规划	成本效益分析、特定工业用地保育、工业用水审计
	教育措施	管理和员工计划
	系统运行	锅炉和蒸汽系统、工业替代水源和工艺用水的再利用、工业分表、减少工业用水废物、制冷、清洗/清洁、水处理
	冷却系统管理	冷却系统、冷却塔、直流冷却
	景观	工业设施景观
市政	节水分析和规划	保护协调员,成本效益分析,针对独立住宅和多户住宅的用水调查、用户识别
	财政	节约用水定价、批发机构援助计划
	系统运行	所有新或翻新的连接点计量、公用事业用水审计和漏水(2020 年更新)
	景观	运动场节水、高尔夫球场节水、景观灌溉和保护及激励、公园节水、住宅景观灌溉评价、户外灌溉制度
	教育和公众宣传	公共信息、学校教育、公众外展及教育、与非营利组织合作
	改造和奖励计划	ICI 帐户的保护计划、住宅洗衣机奖励计划、住宅厕所更换计划、淋浴喷头和增氧器及马桶挡板翻新、智慧水利的景观设计和转换项目、自定义节水退税、为经济困难的用水户提供管道服务
	节水技术	新建筑废水再利用、雨水收集和冷凝物再利用、水的再利用
	监管和执法	禁止浪费水、自然保育条例规划及发展、执行灌溉标准(2020 年)
批发用水	节水规划	根据客户合同要求制定和实施节水、干旱应急计划、技术援助和外联
	资源共享	成本分享计划、批发供应商集体采购并直接配送节水设备

5.3.2.2 加利福尼亚州城市节水最佳管理措施

1991 年,加利福尼亚州城市节水委员会的 120 多个水务公司签署了《城市节水备忘录》,最新版在 2016 年修订,重点对公共事业、住宅、景观等行业提出了节水最佳管理措施(见表 5-8)。

表 5-8 加利福尼亚州城市最佳管理措施实践[20]

行业	类别	最佳管理措施	预计节水量
公共事业	运行管理	节约协调员; 减少废水排放; 批发商协助	未量化
	漏水控制	用水审计; 漏损检测与修复; 水压管理	漏水损失不超过管网供水总量的 10%
	计量与计费		减少 20% 的用水
	节水定价	计量收费; 季节定价; 梯级水价; 配水定价❶	未计量,但预测减少 20%的用水
住宅	住宅援助项目	漏损检测及修复; 用水户调查; 淋浴头和通风设备供应	未量化
	固定设备和电器	节水洗衣机(HEWs); 节水坐便器(HET)	减少 40% 的用水; 比 20 世纪 90 年代初期低流速坐便器(ULFT)减少 20% 的用水

---

❶配水定价(allocation-based pricing)在 20 世纪 80 年代开始流行,主要思路是对某一区域或用水用途给定基准分配水量和对应费率,超出部分征收节水费,比如根据某一灌区的面积可以给出其分配水量和水费。如加利福尼亚州水法案 370~374 条鼓励采用配水定价,如欧文牧场水区(IRWD)采用这种定价方法,2005 年比 1992 年降低了 54%的景观用水,当地每日用水比橘子郡其他地方低 52%。

续表 5-8

行业	类别	最佳管理措施	预计节水量
住宅	新开发项目水效标识		减少 20%～60% 的用水
	多户家庭住宅项目	教育、节水器具、泳池、喷泉等节水	未量化
	景观用水调查	景观用水调查；灌溉效率提高项目；景观改造项目；废水条例；其他水源	未量化
	备用措施		未量化
	公众教育	宣传册、活动展览、当地合作、报纸广播、信件电话访问、网站、社交媒体	未量化
景观			减少 15%～20% 的景观用水

5.3.3 用水审计和入户调查

5.3.3.1 用水审计和漏损防控

1976～1977 年持续干旱期间,加利福尼亚州完成了全州用水审计和漏损检测工作,美国自此开启了用水审计工作。2009 年,美国给排水工程协会(AWWA)出版了第三版漏损防控手册,指导用水审计。用水审计是一种面向用水户和供水机构的节水措施。

对供水系统的用水审计主要是对水的生产、输送、配置的核算,通过检查水表、漏损检测、系统清单等 3 个步骤,确定供水量、计量用水量和未计量用水量,并计算损失水量。通过对供水公司进行供水核算和对供水系统进行全面调查,

找出潜在问题,提出改进方案,以降低漏损[21]。用水审计方法包括直接估算法、统计模型法和构建对比组法等[22]。

对用水户的用水审计,分为室内和室外两种类型。常见方式是入户调查,监测是否漏水,并检查用户是否采用节水器具。当用户发现水费比平常高时,也可以联系水务部门进行漏损检测。主要包括以下步骤:

(1)水务部门询问用户认为漏水的原因和读水表。

(2)当认为有漏水可能,则实地探查漏水点。室内漏水探查主要通过染色剂示踪、马桶水位监测等方式。

(3)将漏水探查结果告知用户,根据用户需求进行后续处理和监测。

加利福尼亚州《水法案》要求,城市供水公司应开展用水审计,每年向州水资源局提交报告,每五年需同时提交供水规划。州水资源局设立水审计处,专门负责管理用水审计工作。

加利福尼亚州东湾市政公用事业区漏损检测项目

2008 年,东湾市政公用事业区启动漏水监测和修复试点项目,通过安装声波数据记录器分析管网漏水的原因、时间和水量。在伯克利市进行试点,主要针对直径在 2~20 in❶ 的管道,约 250 mi❷,占全市 6%(未考虑更大的管道)。通过安装使用 850 个记录器和 2 个校准仪,可以检测出大多数漏水,也发现了一些漏水量大且关键的位置。

该项目证明,安装永久声波记录器在关键区域或漏损情况较多地区比较有效,记录器需要定期检查和维护;如果需要获得更准确的结果,应加密测点。

---

❶ 1 in = 2.54 cm。

❷ 1 mi = 1.609 344 km。

得克萨斯州用水审计始于 20 世纪 70 年代,是该州水资源管理的基础工作之一;州水发展理事会负责相关管理工作,并向州政府报送漏损情况。与加利福尼亚州每年提交报告不同,得克萨斯州《水法案》要求,供水公司每 5 年提交一次报告。用水审计可以在线提交用水调查数据和用水审计报告。

5.3.3.2　用水户调查及用水评估

用水户调查是水管区相关机构或供水公司,到用户家进行室内外用水评估。在调查时,有些机构会发放一些节水手册。用户调查主要是指导用户读水表,测量用水装置的流速和漏损检测;对于用水超出建议标准的厨卫器具,建议用户采用水效标识认证的产品。调查结论和建议将及时反馈给用户。

加利福尼亚州圣胡安水管区用水户调查

根据用户的要求提供入户调查和漏损检测服务,调查主要针对 1994 年以前建造的房屋。

调查时间大约 30 min,通常是两人一组的方式进行。一个人在室外监测水流数据记录器,另一个人在室内依次打开各用水装置,在获取数据后进行分析。除监测是否有漏水情况外,技术人员还会检查用户是否采用节水器具,如抽水马桶的流量如果高于标准,政府提供新的节水器具和节水马桶补贴。室外调查主要检查灌溉系统,市政提供漏损检测服务。

5.3.4　宣传教育和奖罚

除了通过基础设施改造实现节水,提高公众节水意识和行为的激励和处罚机制也非常重要,主要包括节水宣传教

育、价格激励和抗旱应急措施等三个方面。

5.3.4.1 节水宣传教育

美国地方政府和环保组织通过开展各类教育和宣传活动,提高居民自觉节水的意识。例如,城镇和社区的水资源管理协会、环保组织等非营利机构,通过散发宣传材料,举办讨论会、展览等活动以及报纸、电视、传单等多种媒介,宣传节水重要性和节水方法。在得克萨斯州,水发展理事会举办教育者研讨会,为从事教育行业的人员提供专业培训,参加培训还可以获得州教育机构认证的学分;举办雨水收集讲座,面向个人、教育者等介绍州水资源规划和雨水收集系统等;举办漏损防控研讨会,提供漏水控制程序、用水调查水损失审计、年度节约报告和节约用水计划等系列培训。

学校是节水教育的重点对象,包括幼儿园在内的教育机构举办专题教育活动。政府和社会为此类节水公益活动提供资金保障,如美国家乐氏(Kellogg)基金会资助了密歇根州地下水教育项目;联邦和州政府设有环境教育基金,鼓励学校开展水资源和环境保护活动[23]。

节水宣传采取因地制宜的策略。在独立住宅为主的地区,适合通过电视广告等方式宣传,而不是采用海报和公共交通标识;在公共交通发达的地区,后者更加适用。

加利福尼亚州东湾市政公共事业区校园计划

(1)制定教学计划。通过了解区域内中小学的学校情况、各年级学生数量、学区审核和批准课程情况、教师需求、政府和私人资金赞助情况以及已有培训课程和保障,制定教学计划。该计划包括目标、主要信息、评价指标、预算和评估方式等。

（2）开展校园教育，记录进展情况、效果和花费。

（3）跟踪和获取数据。为每节课提供反馈表或线上打分，对比项目前后的评价记录，评估培训教育效果。

采取鼓励措施提高参与兴趣。例如当老师反馈评价表时，提供5美元的咖啡券；当收集家庭节水审计情况报告时，提供反馈明信片或信封，或者提供在线提交等便捷方式。

注：许多政府机构和相关组织会制作和提供相关资源，如美国垦务局和环保署提供针对各年级的课程计划，各地区公共事业水区提供书籍并举办相关活动。

得克萨斯州面向儿童的节水教育

得克萨斯州水发展理事会（TWDB）负责节水教育项目，并依托该委员会负责的科学研究和国家水资源计划，项目包括从幼儿园到十二年级的学校项目、成人培训和讲习班、保护文献的分发、面向全州市级和农业受众的推广和意识项目。

为了更好地服务学校，该委员会创建了 TWDB 儿童网站（www.twdb.texas.gov/kids），以可视化、交互式游戏等活动为特色，帮助学生、教师和家长了解水资源及其保护的基本概念，提供从幼儿园到中小学的教育资源。TWDB 儿童网站主要内容包括水的循环、流域、水的利用、地表水和地下水、水处理、节约用水等。针对不同年级的学生设置不同课程，例如，对于四五年级学生，主要提供河流简介；对于初中学生，则提供一些需要思考的课程；对于高中学生，则为水勘探等技术实践类课程。

水发展委员会的所有教育项目都是由教育工作者协助设计，并与本州基本知识和技能目标关联。

5.3.4.2 水价激励

很多国家都采取水价机制调节用水行为,但美国的水价普遍低于其他发达国家,结合美国历史水权制度和用水户支付能力的考量[24],水价对节水的激励效果似乎并不显著。

1. 市政供水水价

市政供水主要供应生活用水和商业用水。美国没有统一的水价审批机构,水价由市场调节。政府提供定价指导原则,美国环保署为 3 300 人以下的社区供水机构提供了定价指南[25]。供水机构根据各自的实际情况,按照政府的指导规则,确定水价费率,并每年调整水价。因此,不同地区和不同年度的水价可能会有较大差别。美国的供水机构多且分散,包括各级政府机构、私人企业和股份公司等。

定价的节水激励主要通过不同的价格结构实现,如阶梯水价费率、季节水价费率等方式(见表 5-9)。实际上,根据环保署 2006 年社区供水系统调查(2006 Community Water System Survey),33%的供水商对饮用水采取固定水价,这种方式虽然保障了水费的稳定,但不利于节水,尤其对于供水紧张的地区;阶梯水价是美国最常见的定价方式,不同地区的阶梯划分详略不同;季节水价在部分地区采纳,如加利福尼亚州马林水区,不仅采用阶梯水价,还进一步细分为冬季和夏季两个体系[26]。

从定价规则上看,美国鼓励供水机构采取完全成本定价,即水价要满足供水系统的运行维护、处理、储存、输水,以及更新改造成本,但水价也不能过高,以保障低收入人群用

水。因此,美国水价主要与供水成本和用户经济水平有关,
与水资源状况并不直接相关。

表 5-9　美国常见市政供水水价定价方式

序号	水价费率方式	解释
1	固定水价(Flat Rate/Fixed Fee Rate Structure)	对用水收取固定费用,水费稳定但难以激励节水
2	递增式阶梯水价(Increasing Block Rates)	不同阶梯用水量的价格递增,第二阶梯水价高于第一阶梯,依此类推
3	递减式阶梯水价(Decreasing Block Rate Structure)	与递增式相反,即水价随用水量阶梯增长而递减,主要针对大型工商业用户,难以实施且不利于节水,尤其是出现大量用水增长
4	时段差别定价(Time of Day Pricing)	对公用事业公司需求高峰期的用水,收取更高的价格
5	额外水价(Water Surcharges)	对超过当地平均水平的用水收取额外的费率
6	季节水价(Seasonal Rates)	根据季节不同,水价标准不同
7	统一水价(Single-Tariff Rate Structure)	主要针对纳入大型供水系统的小供水商的定价,不由各供水商定价而由整个系统统一定价,用以平衡部分地区原本过高的或过低的价格

美国蓝色循环组织(Circle of Blue)对 30 个大都市地区
的住宅用水和水价的调查[27]显示,主要城市的用水量和水价
存在很大差异,雨水匮乏地区住宅用水量反而更高,丰水的
五大湖地区的居民用水量则最低;水价并不与当地水资源状
况直接相关,并非干旱地区水价更高;在雨量充沛的波士顿,

水价居于前列,而在常年干旱的得克萨斯州圣安东尼,水价却较低。

美国的整体水价在逐渐上升(见图5-4),部分是由供水设施的老化造成的。

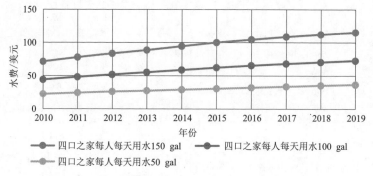

图5-4 美国住宅用户历年平均月缴纳水费[28]

水费在美国家庭开支占比非常小。以2018年为例,美国生活用水水价约为1.59美元/m³,当年人均收入为5万美元,水费仅占人均年收入的0.36%。与欧洲国家相比,美国的水价水平较低,对节水的激励性有限。

2.农业水价

美国农业灌溉水价受水权、历史分水和用水合同(指历史上农场与垦务局签订的长期供水合同)等因素影响,总体上偏低。一般而言,享有沿岸水权或与联邦有用水合同的农民,用水价格低(0.005~0.01美元/m³),而那些较少签订合同或从州级灌溉机构获取水量的农民,水价相对较高(0.02~0.1美元/m³),从水权交易市场获取的水的价格更高,超过0.1美元/m³[29]。这种价格体系在一定程度上能够激励节水。

5.3.4.3 抗旱应急政策

当发生长期旱情时,州政府将出台更加严格的政策措施。2011 年,加利福尼亚州进入长期干旱期,州政府发布"最严水令",要求全州范围开展城镇节水,目标是节约 25% 的用水量。该法令严禁居民或者商户"用水过度",在清洗人行道、车道、维护草坪和花圃时,水流不得过大,避免流至路面或毗邻区域;禁止人们用饮用水维护观赏类喷泉;洗车时,必须在喷水管上加装截流管嘴一类控制水量的设备等。城市水务机构对居民用水量进行追踪记录,具体到平均每人每天用水量,并向管理部门报告。该法令还规定,若城市水务机构对节水措施贯彻不力,未达到每日节水标准,州政府可向其罚款 1 万美金;州政府对用水不当的违规者也将处以最高500 美元的罚款。此外,该法令敦促州能源委员会为购买节水马桶和其他节水设备提供优惠,要求大型农场制定水资源管理计划和干旱紧急管理计划。

5.4 行业节水措施

美国工业节水主要是提高水的循环利用,农业节水主要是推广综合农业节水技术和使用再生水灌溉,生活和商业节水主要包括使用节水淋浴喷头、节水龙头、节水马桶等节水器具,研究和推广可饮用性再生水。

5.4.1 推广节水器具和再生水利用减少生活用水

5.4.1.1 水效标识认证

自 2006 年起,美国环保署启动了"水效标识"项目[30],符合水效标识标准的节水型厨卫类产品可通过认证和授权使用专门的标志(见图 5-5)。这类产品比传统同类产品的用水量低 20% 左右。截至 2019 年末,水效标识项目累计节水 1 666 万

m^3,节电 5 229 亿 kW·h,节约成本 871 亿美元[31]。

图 5-5　美国水效标识

水效标识主要适用于坐便器、水龙头、淋浴头等家用或商用卫生器具、室外灌溉控制器和喷灌喷头等。水效标识的标准一般高于联邦用水标准(见表 5-10)。符合水效标识的节水型水龙头,比传统同类产品减少 32%~45%的耗水量,每年可帮助家庭至少节水 2 m^3。节水型淋浴花洒,比同类产品减少 20%的耗水量。节水坐便器可节约 20%~60%的耗水量。

表 5-10　水效标识标准和节水成效

产品	水效标识标准	节水成效	联邦标准
节水型坐便器	≤4.8 L/次	49.2 m^3/(户·a)	≤6.06 L/次
节水型花洒	4.54~7.57 L/min	10.2 m^3/(户·a)	≤9.46 L/min
节水型水龙头	0.8~1.5 L/min	2.65 m^3/(户·a)	≤8.33 L/min
商用坐便器	≤4.85 L/次	4 542 m^3/a	≤6.06 L/次(实际多为 11~27 L/次)
节水型小便器	≤1.9 L/次	17.4 m^3/(户·a)	≤3.785 L/次
室外灌溉控制器		908 万 m^3/a(估)	
节水喷灌喷头		1.17 亿 m^3/a(估)	

美国环保署授权多家认证机构,可根据美国环保署指定标准对产品进行测试和认证。

厨卫厂商申请水效标识的相关步骤

(1)在线提交与环保署的生产商合作协议。

(2)选择一家由环保署授权的认证机构。

(3)提交申请表和技术资料至该认证机构。

(4)将样品送至该机构认可的实验室进行测试。

(5)通过认证机构的产品审核并满足其他相关要求。

(6)认证机构通知环保署,在环保署网站上公布认证产品名录。

5.4.1.2　室内用水器具

安装和更换节水器具是美国住宅节水的主要措施,既减少用水量,也降低污水处理量,起到了"节水减污"的作用。自1980年起,美国开始全国性强化节水行动。1988年,马萨诸塞州率先对新装抽水马桶的单次冲水量提出 6 L 的限制,之后有16个州开始仿效,许多州还要求更换节水型淋浴头和水龙头[32]。1992年,国会通过《能源法案》,首次规定了坐便器、小便器、淋浴器、水龙头等的最大允许流量(见表5-11)。

表 5-11　《能源法案》对室内节水器具的最大允许流量要求

器具		最大允许流量
坐便器	重力水箱	6 L/次
	重力水箱(两挡)"仅为商用"	13.2 L/次;6 L/次
	冲洗阀水箱	6 L/次
	排出阀	6 L/次
	机电型	6 L/次
小便器		3.8 L/次
淋浴器		9.5 L/次(0.54 MPa)或 8.3 L/次(0.41 MPa)

续表 5-11

器具		最大允许流量
水龙头和节流	卫生间水龙头	9.5 L/次(0.54 MPa) 或 8.3 L/次(0.41 MPa)
	卫生间节流器	
	厨房水龙头	
	厨房节流器	
	计量式水龙头	0,.95 L/次(0.54 MPa)

安装节水器具的效果显著,在典型独立住宅室内,每人每天用水 262 L,安装节水器具后减为 171 L,可节约 35% 的室内用水[6]。

各州普遍安装节水器具。加利福尼亚州通过"住宅援助项目",补贴水效标识认证的节水淋浴头和通风装置;东湾市政公共事业局为用户提供成套节水改造设备等;罗斯维尔市在安装水表时附送礼包,包括水表说明、城市节水项目简介,以及其他节水器具,包括节水淋浴头、水龙头、厕所挡板等(见图 5-6)。

图 5-6 水区为住宅提供的节水介绍图册和器具等

纽约和波士顿是美国城镇节水的典范。波士顿通过实施节水计划,1980~2009 年的用水总量下降了 43%。纽约市推行安装生活节水器具,人均生活用水量逐步下降。

大波士顿地区节水

大波士顿地区的节水行动是美国最全面、最成功的节水案例。20 世纪 80 年代,波士顿开始面临缺水问题,用水量超过了安全线。当地市民和环保组织反对调水计划,提出了降低用水量的方案。马萨诸塞州水资源管理局开始实施积极的节水计划。

计划内容包括检测和修复输水管网中破裂的老化管道,为大约 35 万户家庭安装高效卫生设备,例如低流量淋浴头;对大型工厂进行用水审计;更换水表。管理局还提高了水价,并让公众了解到节水的重要性。1988 年,马萨诸塞州在全国率先要求所有新建筑和改造项目中必须使用低流速马桶。管理局还与"用水户顾问委员会(Water Supply Citizens Advisory Committee)"签订市民监督协议。

在民众参与下,节水计划的实施使大波士顿地区的用水需求量快速下降。2009 年的用水总量为 2.685 亿 m^3,与 1980 年高峰时期的 4.749 亿 m^3 相比,下降了 43%。实施节水计划成本低廉,大波士顿地区的居民无需分摊高达 5 亿美元的调水工程经费[33]。

纽约市节水

20 世纪 90 年代初,纽约市面临严峻的用水短缺问题,市政府推出一系列鼓励市民绿色消费和保护水资源的优惠政策。纽约市人均生活用水量逐步下降。

实施抽水马桶 3 年优惠计划,纽约市将 133 万个低效抽水马桶更换为低流抽水马桶,全市洗手间每天节水 27 万~34 万 m^3。

实施城市用水核定计划,并由相关公司进行监督。为用户提供免费的用水效率检查,提出安装节水装置建议,并发放免费水龙头和低流量淋浴头;这些装置提高了用水效率并减少了渗漏,每天可节水 4 万 m^3。

5.4.1.3 室外景观节水

调整景观种植结构和灌溉方案是室外节水的主要方式，主要如下：

（1）科学地设计景观和灌溉原则。景观规划要考虑植物选择、草坪面积、土壤条件、覆盖和维护等关键要素，可以将植物按照需水量分组种植，尽可能选用本土植物和低耗水植物，限制草坪面积，使用高效灌溉系统，合理安排灌溉时间（如灌溉频率每周 1~2 次和每次灌溉时长 15~30 min），采用碎树皮、树叶等覆盖土壤减少蒸发，并进行定期维护等。

（2）恢复本土自然景观。相对于外来植物，本土植物更适合当地天然环境，恢复当地生态，维护更为简单，灌溉量少。数据显示本土草坪比传统草坪减少一半的流量[6]。

（3）节水景观政策制度。许多地区出台法规，禁止在用水高峰期或夏季缺水期给草坪浇水，一旦发现将给予重罚；政府鼓励种植节水型植被。

在马萨诸塞州，近年来的干旱促使州政府推动社会草坪节水行动[34]，降低用水量。主要包括：减少草坪面积，将部分草地换成一些树木灌木等；选择抗旱草种，将不同的草进行混合种植，减少用水和抵抗虫害；尽量用雨水灌溉草坪，在大部分情况下，马萨诸塞州有足够的降水保障草坪的健康生长；建议在下午 4:00~晚上 8:00 浇灌；采用慢速和深度灌溉模式，并收集和贮存雨水进行草坪维护等。

5.4.1.4 再生水利用

据美国环保署统计，全国每天产生 1.287 亿 m^3 的城市污水，7%~8% 处理为可再生水重复利用。再生水用于灌溉（尤其是对于高尔夫球场、公园、游乐场等）的实践越来越多。

美国污染排放削减法案(NPDES,1972年)以及各州的污水排放要求规定,排放污水需要持有排放许可证,污水排放要符合一定标准。

1.加利福尼亚州再生水利用[35]

在加利福尼亚州,排入自然水体的处理水要符合污染排放削减法案要求,排放到陆地的处理水(如用于灌溉的再生水)需要遵循州废水排放要求[36]。

在加利福尼亚州,再生水利用可以追溯到1918年,州水委员会发布了循环用水政策,加强节水和水的再利用。2018年,州水务局通过了《地表水增加条例》(Surface Water Augmentation Regulations),该条例为再生水利用确定了统一标准。在最新的政策中,再生水利用目标是在2003年的基础上增加4倍,2020年达到30.8亿 m³/a,占新增水源的40%左右。再生水已成为其重要水源之一。

2015年,加利福尼亚州使用再生水约8.25亿 m³/a,主要用水行业见图5-7。农业灌溉和景观灌溉是该州最重要的两大再生水用途。再生水按水质分为三类:二级处理-23类、二级处理-22类和三级处理类再生水(见表5-12),数值代表再生水中大肠杆菌的数量,通常三级处理类再生水可用于各类非饮用用途,二级只能用于一些规定类别。

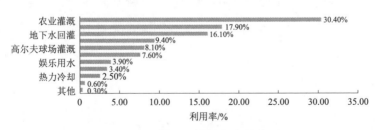

图5-7 不同用途再生水的占比

表 5-12　再生水水质标准❶

再生水类别	处理要求	浊度（NTU）	总大肠杆菌（MPN/100 mL）	可用用途
三级处理类（Disinfected tertiar）	氧化、絮凝、过滤、消毒	平均为2,最高为5	平均为2.2 30天内任意样本量不超过23	城市利用、农业灌溉、娱乐用水
二级处理-22类（Disinfected secondary-22）	二级处理、氧化、消毒	无	平均为2.2 30天内任意样本量不超过23	有限制的娱乐用水
二级处理-23类（Disinfected secondary-23）		无	平均为23 30天内任意样本量不超过240	有限制的城市利用、非食用作物灌溉

在推行再生水利用时,加利福尼亚州采取各种措施,保证用水安全。安装防倒流装置和气隙分离装置,避免再生水管网与饮用水管网的连接,并定期检查。为有效区分管网,饮用水管网为蓝色,污水为红色,再生水为紫色。当用于灌溉时,采取更为科学的方式,降低再生水灌溉风险。采取低频率高强度灌溉方式,降低根系层盐分累积。政府还提供专门的网站(www.cimiswater.ca.gov)帮助用户确定合理的灌溉量,如果再生水含有一定的氮磷,相应减少肥料施用量;为避免盐度过高问题,采取再生水和其他水混合使用或轮灌,增加土壤淋溶能力[36]。

---

❶Water Recycling Criteria, Title 22, Division 4, Chapter 3 of the California Code of Regulations。

贝克斯菲尔德市农场再生水利用案例

加利福尼亚州中部贝克斯菲尔德市的 2 000 hm² 市政农场,使用再生水灌溉长达 80 多年。再生水主要用于大麦、玉米、棉花、苜蓿和高粱季节灌溉。再生水为二级处理水,没有脱氮;农场在作物生长早期利用其进行灌溉,以有效利用氮素,后期采用井水或河水灌溉。为减少土壤含盐量,采取漫灌或沟灌等方式,并添加石膏增加渗透量。

2. 得克萨斯州雨水收集和再生水利用

得克萨斯州是美国少数几个致力于雨水收集的州,颁布了雨水收集相关法规规范。该州税法规定,免征雨水收集设备销售税;财产法案禁止房主协会阻碍房屋修建雨水收集装置;州众议院法案 3391 条要求将雨水收集系统纳入新建筑设计,并同意金融机构为使用雨水作为唯一供水来源的开发项目提供贷款。得克萨斯州还有专门的雨水收集设计奖,2007~2017 年已有 44 个项目获奖。

得克萨斯州还积极推行再生水利用,主要分为两类:直接重复利用和间接重复利用。直接利用包括:高尔夫球场灌溉,制造业或发电厂冷却用水。

自 1989 年起,得克萨斯州水发展理事会的清洁水贷款基金项目(CWSRF)开始资助再生水工程,累计提供了 3 亿美元经费,资助了 28 个再生水项目。1996 年建成的圣安东尼奥再生水中心,规模居全美首列,污水处理量达 1.6 亿 m³/a,20% 达到饮用水水平,为当地公园、高尔夫球场和商业、工业提供了水源。威奇托福尔斯非直接饮用型再生水项目(IPR)和大斯普林可直饮再生水项目是该州著名的中水回用工程[37]。自 2013 年,大斯普林项目的再生水与原有供水共同为 25 万人提供饮用水。

5.4.2 多种措施促进农业节水

2015 年,全国全年的灌溉取水量为 1 630 亿 m³,其中地表取水占 51.6%,地下水取水占 48.4%[38]。美国西部 17 个州的灌溉面积占全国的 74%,灌溉取水量占全国灌溉总量的 81%。

5.4.2.1 采用节水灌溉技术

自 20 世纪 50 年代,美国开始普遍推广农业节水灌溉。目前,半数以上灌溉面积采用了喷灌、滴灌等设施。在没有灌溉的地区,普遍采用土地平整、轮作、免耕等节水措施。粮食作物大多采用大型喷灌机灌溉[39]。

加利福尼亚州、佛罗里达州、亚利桑那州、得克萨斯州、犹他州、内华达州、新墨西哥州、科罗拉多州、堪萨斯州和伊利诺伊州等 10 个州还利用再生水进行灌溉。2015 年,再生水灌溉水量为 253 万 m³/d,虽然不到总灌溉用水量的 1%,但仍是未来农业节水的方向之一。加利福尼亚州是再生水灌溉最多的州,达 109 万 m³/d[38]。

1.加利福尼亚州农业节水技术

水资源短缺促使加利福尼亚州因地制宜发展出高效自动化的节水灌溉技术,多种节水灌溉方式并行。常用的节水灌溉技术包括喷灌、滴灌和地面灌溉等。2015 年,该州总灌溉面积达 5 657 万亩,其中,喷灌面积 1 026 万亩,滴灌面积 2 143 万亩,喷灌、滴灌面积占总灌溉面积的一半以上。政府每年对节水技术推广补贴达 3 000 万美元,全州 150 个气象站提供气象服务,指导农民节水灌溉[40]。

1) 灌溉技术

加利福尼亚州农业节水灌溉的主要措施是针对输水、灌水、田间三个环节。

喷灌是加利福尼亚州节水灌溉主要方式,包括时针式、滚移式、平移式、卷盘式和支架式等。草皮种植场以平移式为主,大田作物以时针式、平移式或卷盘式为主要形式。滴灌也是加利福尼亚州应用较多的节水灌溉技术,多用于葡萄园,可以提高产量和改善葡萄品质,但滴灌容易堵塞,对水质过滤处理极其严格,一般采用 3~4 级过滤。

地面灌溉技术有沟灌、畦灌等,通过提高田间入渗均匀度实现节水,同时做到输水管道化,减少输水损失,并通过脉冲灌水、尾水回收利用等技术,提高灌水效率[41]。农业灌溉退水也将进行处理和再利用,脱盐后排入海中或进行循环使用。

2) 管理模式

精细化灌溉和自动化调控是农场和灌区普遍采用的措施。农场聘用农业技术人员,每天对土壤水分定点定时测量,并根据气象资料计算补给量,按需精量灌溉。河流、渠道设有自动监测点,采用自动化管理,随时测量和提供各区域供水量;灌区设有灌溉总控制室,与卫星联网,实时进行自动调度。

地面平整采用激光控制平整,一茬作物一平整;在选择灌溉适宜时间上,通过精密仪器选择灌水时机,广泛采用张力计、叶面湿度测定仪等。近几年,美国将原本用于军事的时域反射测量技术(TDR)应用于墒情测报,效果非常好。农场主通过微机中心就可操作几百英亩的农场灌溉[42]。

2. 得克萨斯州农业节水技术

得克萨斯州大量使用地下水灌溉,与中国河北省等北方省份类似。为保护州内高原区的地下水,2005 年,州立法机关要求全州 16 个地下水管理区和 96 个水行政区域提交用水计划,明确未来 50 年的地下水总量和地下水开采上限[43]。

得克萨斯州高原区是美国灌溉和旱地作物的生产基地之一,90%的灌溉水源来自奥加拉拉地下水含水层。自 1950 年起,灌溉农业逐步发展起来,大量开采地下水,地下水位下降严重,部分地区下降超过 50 m。

2000 年以后,在地下水压采方面采取了一系列措施,运用高地平原整层散发网络(TXHPET)模型进行灌溉和地下水管理,改变作物品种和种植结构,改进灌溉技术,灌溉农田转为旱作农田等。高地平原整层散发网络(TXHPET)模型提供了一些基于气候条件的灌溉制度,如将重力灌溉转为中心支轴灌溉,改种低需水作物(如棉花等),显著降低了地下水抽取量。2015 年,喷灌面积为 168 万 hm^2,占总灌溉面积(229 万 hm^2)的 73%[44]。

5.4.2.2 通过经济手段提高农民节水积极性

美国灌溉水费主要包括水利工程购水费、灌区水管部门的配水系统成本、运行维护费和行政管理费。近年来,逐渐采用有利于节水的水价结构,如阶梯水价,通过经济杠杆促进节水。为了鼓励使用再生水灌溉,农民使用再生水进行灌溉的水价仅为地表水供水价格的 1/3 左右[45]。

美国允许农业水权转让,既实现水资源的再次分配,又提高了农民节水的积极性,促进农业节水技术的提高与发展[46]。水权转让主要在西部地区应用较多。

科罗拉多流域灌区水权转让

20世纪上半叶,内务部垦务局在科罗拉多河流域下游地区修建了伊姆皮里灌区等几个大型引水灌溉工程,并在联邦政府的协调下,有关各州达成分水协议,其中伊姆皮里灌区分到约84亿 m³ 的水量,而洛杉矶分得水量较少。后随着城市发展,需水量剧增,原分配水量无法满足需求,因此洛杉矶与伊姆皮里灌区于1985年签订了为期35年的协议,灌区将节约的水量有偿转让给洛杉矶;同时洛杉矶负担节水工程建设的投资和部分运行费,这推动了伊姆皮里灌区节水的积极性。科罗拉多州还实施干旱期灌溉水权临时转让交易,由农村与城市通过协商谈判,签署转让合同,农户通过转让水权获得收益。

5.4.2.3　农业节水科研和技术推广机制

美国重视农业节水研究和技术推广。农业部自然资源保护局负责全国田间灌溉和用水,在全国设有十几个农田灌溉试验研究中心,负责改进各种灌溉技术、灌溉方法,提供信息和技术服务,并义务培训周边农民。农业部设有专项资金,资助研究中心建立节水示范区,引导农民采用先进的灌溉技术[47]。同时,各地还有农业灌溉技术咨询公司,为农民提供技术服务和指导,如为灌区设计灌溉方式、监测土壤含水量、指导喷滴灌等。

美国灌溉协会每年举办"美国国际灌溉展览会",这是全球三大国际灌溉展之一,也是世界上规模最大的灌溉行业专业展会。展示高效灌溉产品、实践和服务,提供教育培训机会。

5.4.3　循环用水减少工业耗水

1992年的《能源法案》为行业用水设定了标准上限。美

国环保署同年启动"能源之星计划",要求减少工业用水和耗能。

美国工业节水主要有三种方式:一是加强污水治理与污水回用;二是循环用水,提高效率;三是减少取水和排污量[48]。美国提出"减少－回收－再利用－循环利用"(简称"4RE")策略,减少取排水量,鼓励回收水、回用水和循环用水。

1985~2015年,美国工业(主要是制造业)主要采取以下措施使其年取水量从622亿m^3下降到204亿m^3,降幅达67%[38]:一是提高工业循环用水。数据显示,1978年美国每立方米水循环使用3.42次,重复使用率为77.4%;1985年重复利用次数为8.63,重复利用率为89.6%;2000年重复利用次数达到17.08,重复利用率为94.5%。二是改进节水工艺,降低制造业耗水,相应地排水量也大幅下降,有效控制了工业水污染。美国制造业用水量大幅度下降,还与美国产业结构变化有关,自2000年以来,制造业更多转到海外,在国内生产总值占比为下降趋势。

除制造业外,热力发电取水量为所有行业取水量首位。2015年为5.03亿m^3/d,占总取水量的43%,取水量较2010年下降18%。美国于1970年开始推进热力发电工厂单次进水冷却系统向循环冷却系统的改造工作,这也是2015年较2010年取水量下降18%的主要因素。

参考文献

[1]Industry (including construction), value added (% of GDP)-United States, Libya. https://data. worldbank. org/indicator/NV. IND.

TOTL. ZS？locations＝US-LY.

[2]驻美国使馆经商参处.美国农业概况.2015,http：//us. mofcom. gov.
cn/article/zxhz/hzjj/201401/20140100468500. shtml.

[3]商务部国际贸易经济合作研究院,中国驻美国大使馆经济商务参
赞处,商务部对外投资和经济合作司.对外投资合作国别(地区)
指南(2019 年版)－美国. https：//www. yidaiyilu. gov. cn/zchj/zcfg/
117580. htm.

[4] Annual water consumption per capita worldwide in 2017 by select
country（in cubic meters）. https：//www. statista. com/statistics/
263156/water-consumption-in-selected-countries/.

[5] Irrigation Water Use：Overview. https：//fieldtomarket. org/national-in-
dicators-report-2016/irrigation-water-use/.

[6] Amy Vickers. 城市用水与节水手册[M].陈韬,张雅君,译.北京：中
国建筑出版社,2015.

[7] EPA. How We Use Water[R/OL]：https：//www. epa. gov/wa-
tersense/how-we-use-water.

[8]郭晶晶.中外用水管理制度对比[J].标准生活,2017,000(004)：
52-59.

[9]李宪法,许京骐.美国向节水型经济转变的重大战略决策[J].给
水排水技术动态,2004,000(002)：43-44.

[10] Joe Gelt. Water Conservation,Yesterday and Today：A Story of Histo-
ry,Culture and Politics. Arroyo,Water Resources Research Center,
Tucson,AZ,1999,10（4）. https：//wrrc. arizona. edu/publications/
arroyo-newsletter/water-conservation-yesterday-and-today-story-histo-
ry-culture-and-poli.

[11]康洁.美国节水发展的历史、现状及趋势[J].海河水利,2005
(6)：69-70.

[12]刘载.美国政府加强水资源管理战略决策[J].中外房地产导报,

2003(6):42.

[13]张瑞娟.郑州市水资源供需态势与可持续利用对策研究[D].郑州:郑州大学,2007.

[14]A Brief History of Water Conservation in America. 2019. https://www. ratemytoilet. net/brief-history-water-conservation-america/.

[15]EPA Water Sense Production Certification System version 2. 1. 2016.

[16]强宏斌,钱加绪,赵含栋,等.美国发展节水农业的经验与启示[J].甘肃农业科技,2006(3):38-41.

[17]U. S. Environmental Protection Agency. Water Conservation Plan Guidelines. 1998.

[18]丁惠英,丁民.国外城市水务管理经验分析[J].中国水利,2003(15):45-47.

[19]Water Conservation Best Management Practices. https://www. twdb. texas. gov/conservation/BMPs/index. asp.

[20]California Urban Water Consercation Council. Utility Operations BMP Implementation Guidebook. https://calwep. org/wp-content/uploads/2020/04/UtilityOperationsGuidebook. pdf.

[21]柳长顺,陈献,乔建华.国外用水审计对我国建设节水型社会的启示[J].中国水利,2005(13):128-130.

[22]陈献,张瑞美,王贵作,等.国外用水审计及国内其他相关行业审计经验借鉴[J].水利发展研究,2011,011(011):63-66.

[23]刘春生,廖虎昌,熊学魁,等.美国水资源管理研究综述及对我国的启示[J].未来与发展,2011(6):47-51.

[24]USEPA. Pricing and Affordability of Water Services. https://www. epa. gov/sustainable-water-infrastructure/pricing-and-affordability-water-services.

[25]USEPA. Setting Small Drinking Water System Rates for a Sustainable Future. http://cncc. bingj. com/cache. aspx? q = water + price + +

USA&d = 4612584459740782&mkt = en-US&setlang = en-US&w = K2zc67QLM90xj_6o3-uwIxXoP4b3zLcO.

[26] USEPA. Case Studies of Sustainable Water and Wastewater Pricing. https://nepis. epa. gov/Exe/ZyPDF. cgi/20017JTZ. PDF? Dockey = 20017JTZ. PDF.

[27] The Price of Water: A Comparison of Water Rates, Usage in 30 U. S. Cities. https://www. circleofblue. org/2010/world/the-price-of-water-a-comparison-of-water-rates-usage-in-30-u-s-cities/.

[28] Ian Tiseo, Average U. S. residential price of water 2010 – 2019, https://www. statista. com/statistics/720418/average-monthly-cost-of-water-in-the-us/#statisticContainer. ? Feb 12,2020.

[29] Dennis Wichelns. Agricultural Water Pricing: United States, OECD study,2010. http://www. oecd. org/unitedstates/45016437. pdf.

[30] EPA. About Water Sense. https://www. epa. gov/watersense/about-watersense.

[31] 2019 Accomplishments Report (PDF). https://www. epa. gov/sites/production/files/2020-07/documents/ws-aboutus-2019 _ watersense _ accomplishments. pdf.

[32] 高晓利. 我国节水型社会建设中的政府行为研究[D]. 南京:河海大学,2008.

[33] 国家地理中文网. 真实经验——波士顿节水. http://www. ngchina. com. cn/environment/211. html.

[34] Water Use and Water Conservation. https://www. mass. gov/service-details/water-use-and-water-conservation.

[35] Adam W. Olivieria, Brian Pecsonb, James Crookc, Robert Hultquist. California water reuse—Past, present and future perspectives. Advances in Chemical Pollution, Environmental Management and Protection, Volume 5. : 65–111. 2020.

[36]陈卫平. Reclaimed water reuse experiences in California and hints to China 美国加州再生水利用经验剖析及对我国的启示[J]. 环境工程学报,2011(05):3-8.

[37]Waste Not, Want Not: Water Reuse and Recycling in Texas, 2016.

[38]USGS. Estimated Water Use in the United States in 2015. https://pubs. er. usgs. gov/publication/cir1441.

[39]余萍. 美国节水及水资源开发利用的若干做法[J]. 城市道桥与防洪,2005,11(6):183-185,15.

[40]崔增团. 美国的节水农业及其启示[J]. 水土保持通报,(3).

[41]马承新. 美国加州农业节水灌溉及其启示[J]. 中国农村水利水电,1999(1):40-41.

[42]全国节约用水办公室网站. 美国加州:软硬兼施造就农业"丰产水" http://www. jsgg. com. cn/Index/Display. asp? NewsID =23458.

[43]美国德克萨斯州高平原:灌溉与水. 2013. http://www. shuiyw. cn/bencandy-47-1374-1. htm.

[44]胡亚琼,等. 美国德克萨斯州高地平原区地下水灌溉管理方法研究. 灌溉排水学报. 2019,38(1).

[45]马文礼. 宁夏引黄灌区结构节水型农作制研究[D]. 银川:宁夏大学,2005.

[46]王磊. 农业节水的世界经验[J]. 农经,2011(2):32-35.

[47]朱瑜馨,刘恒超,张锦宗. 国外农业发展对比研究及其对中国的启示[J]. 世界农业,2009(12):22-25.

[48]全国节约用水办公室,水利部水资源司. 节水规划纲要专题五:国节水综述. 2001. https://max. book118. com/html/2018/0609/171730823. shtm.

附录　国外节水相关法规与标准

附录 1　日本《水循环基本法》[1]　（2014 年）

水是生命的源泉,不断地在地球上循环,与大气、土壤等环境和自然构成要素相互作用,同时恩泽着包含人类在内的多样性生态系统。水的循环过程,滋养了人们的生活,对产业和文化的发展发挥了重要作用。

特别是,我国多数国土由森林覆盖,极大地享受了水循环的恩惠,经过漫长的历史过程,创造了独特且丰富的社会文化。

近年来,伴随着城市地区人口的聚集、产业结构的变化、地球温室效应的气候变化等种种因素,水循环发生了变化,水短缺、水灾害、水污染、生态系统影响等各类问题变得突出。

鉴此,人类更加意识到,水是人类的重要资产,完善水循环系统将会给人类生活带来诸多福祉。为了维持健全的水循环,全面推进各项相关措施是不可缺少的。

因此,为了明确水循环政策基本理念,总体推进相关政策,制定本法律。

---

[1]引自水利部发展研究中心《国外重大水政策及水事件报告》,2016 年。

第一章　总　则

（目的）

第一条　法律规定了维护水循环的政策、基本理念；规定国家、地方公共团体、事业者及国民的职责；制定水循环相关基本规划和基本事项；设立水循环政策总部，总体推进水循环的相关政策，维持或者恢复健全的水循环，服务于经济社会的健康发展和国民生活的稳定提高。

（定义）

第二条　"水循环"是指水在蒸发、降水、流动或下渗、汇入海洋等过程中，以地表水、地下水和河川流域为中心的循环。

本法律中"健全的水循环"是指人的活动及环境保护中，维持水的正常功能状态下的水循环。

（基本理念）

第三条　水在循环过程中，孕育了地球上的生命，对国民生活及产业活动发挥着重要作用，因此必须积极推进维持和恢复健全的水循环。

水是国民共有的宝贵财富，鉴于其高度公共性，在合理利用的同时，国民也须享受水循环带来的各种福祉。

在水的利用过程中，必须考虑维持影响最小的、健全的水循环。

水循环过程及可能产生的影响是涉及全流域的，因此必须进行流域综合一体化管理。

维持或恢复健全的水循环是人类共同的课题，推进水循环必须进行国际协调。

（国家的职责）

第四条　国家遵循前条的基本理念（简称基本理念），承担水循环相关政策的制定和实施等责任。

（地方公共团体的责任）

第五条　国家和其他地方公共团体谋求合作的同时，与基本法、水循环相关政策有关的地方公共团体，结合本地情况，自主制定相关基本方针，并负责具体实施。

（企业的责任）

第六条　企业在其事业活动中，应正确利用水资源，并承担配合与国家或地方公共团体实施水循环相关政策的责任和义务，致力于健全水循环过程。

（国民的责任）

第七条　国民在水的利用中，具有配合国家或地方公共团体实施水循环相关政策的责任和义务，致力于健全水循环过程。

（利益相关方合作）

第八条　国家、地方公共团体、企业、民间团体等其他相关者，以实现基本理念为目的，必须努力谋求相互合作。

（施策基本方针）

第九条　应作为一个有机的整体制定和实施水循环的相关政策。

（水日）

第十条　为加深国民对健全水循环重要性的理解，设立水日。

水日定在每年的 8 月 1 日。

国家及地方公共团体在水日应以恢复和保持健全水循

环为目的开展相关活动。

（法制上的措施等）

第十一条　政府必须在法制、财政上给予必要的支持，或在其他方面采取必要的措施。

（年度报告）

第十二条　政府在国会上提出水循环相关政策的年度实施报告。

第二章　水循环基本规划

第十三条

（1）为了有计划地综合推进水循环的相关政策，政府须制定水循环基本规划。

（2）水循环基本规划主要包含以下事项：

①水循环相关政策的基本方针；

②水循环相关的政策问题，政府有计划地制定综合政策；

③与有计划推进水循环政策相关的其他必要事项。

（3）内阁总理大臣须将水循环基本规划的方案提交内阁会议讨论通过。

（4）当内阁会议未对方案进行讨论时，内阁总理大臣不得发布水循环基本规划。

（5）考虑到关于水循环形势的变化，政府对水循环相关政策实施效果进行评价，原则上每 5 年对水循环基本规划进行重新评估，并做出必要的修订。

（6）水循环基本规划修订适用于（3）、（4）的规定。

（7）为确保水循环基本规划顺利进行，政府每年在国家财政的允许范围内提供必要的经费,并应为预算经费正确使用采取相关措施。

第三章　基本的政策

(维护及改善蓄水、涵养功能)

第十四条　国家及地方公共团体应采取各种措施维护和改善流域储水、涵养功能,增加森林、河川、农田的雨水渗透和水源涵养能力,对市政水循环设备进行整修和维护等。

(促进水资源合理有效利用)

第十五条　水是国民共享的宝贵财富,具有高度的公共性。国家及地方公共团体在合理有效利用水资源的同时,也应采取有效措施避免供水不足、水污染等对水循环带来的不利影响。

(推进流域合作)

第十六条　为了推进流域的综合和整体的管理,国家及地方公共团体努力寻求推进相互合作,制定流域水循环管理制度。

国家及地方公共团体必须采取必要的措施,保证地方居民可以为流域管理提出意见建议。

(推进健全的水循环教育)

第十七条　国家应采取必要的措施,提高国民对健全水循环重要性的认识,推进与健全水循环有关的学校教育和社会教育的普及。

(促进民间团体等开展自发活动)

第十八条　由企事业、国民等构成的民间团体采取必要的措施,自发开展维持或恢复健全水循环的相关促进活动。

（调查水循环相关政策）

第十九条 国家为了制定和落实适当的水循环措施,应对水循环现状开展调查。

（科学技术的发展）

第二十条 国家为了促进健全水循环和相关科学技术发展,应采取以下措施:购置试验研究设备、推进研究开发和成果普及、培养研究人员等。

（推进国际合作）

第二十一条 保护和恢复健全的水循环和完整的地球环境,是世界性的重要课题,国家应推进维持和恢复健全水循环、水的合理有效利用技术等的国际合作。

第四章 水循环政策总部

（设置）

第二十二条 为确保水循环相关政策的统一综合推进,内阁设立水循环政策总部(简称总部)。

（职责）

第二十三条 总部负责下列事务:

(1)推进水循环基本规划方案的编制及实施。

(2)协调有关行政机关落实水循环基本规划的相关政策措施。

(3)除前两项所列事务外,水循环相关政策重要内容的筹划及综合调整等。

（组织）

第二十四条 总部由水循环政策总部部长、副部长及部员组成。

（水循环政策总部部长）

第二十五条 水循环政策总部部长（简称总部长）由内阁总理大臣担任，负责总部事务的总结以及总部职员的指挥监督。

（水循环政策总部副部长）

第二十六条 水循环政策总部副部长（简称副部长）由内阁官房长官及水循环政策担当大臣（内阁总理大臣任命，帮助内阁总理大臣统一综合推进水循环相关政策的国务大臣）担任。

副部长负责协助总部长行使职责。

（水循环政策总部部员）

第二十七条 水循环政策总部设置相关成员（简称总部员），由除总部长及副部长外的全部国务大臣担任。

（资料提供等相关协助）

第二十八条 总部需要协助时，可由有关行政机关、地方公共团体、独立行政法人［独立行政法人通则法（平成十一年法律第一百零三号）第二条第一项规定的独立行政法人］与地方独立行政法人［地方独立行政法人法（平成 15 年法律第 18 号）第二条第一项所规定的地方独立行政法人］以及特殊法人［根据法律直接设立的法人或者特别法律设立的特别法人，适用于总务省设置法（平成十一年法律第九十一号）第四条第十五号规定］的代表，就提供资料和意见说明进行必要的合作。

在必要并经允许的情况下，总部可以委托前款规定以外的人合作。

（事务）

第二十九条　总部事务由内阁官房中内阁官房副长官协助管理。

（主任大臣）

第三十条　根据内阁法（昭和二十二年法律第五号）规定,总部的主任大臣是内阁总理大臣。

（政令的授权）

第三十一条　除此法律规定外,总部必要的事项用政令规定。

附则

（施行日期）

本法律自公布之日起将在 3 个月内以政令规定开始施行。

（研究）

以本法施行后 5 年为目标节点,总部将进行综合研究,视研究结果进行必要的修订。

附录 2　日本《水循环基本规划》^❶
（2015 年）

《水循环基本规划》以《水循环基本法》为基础，于 2015 年 7 月 10 日由日本内阁会议通过。本附录摘译了《水循环基本规划》的第二部分。

关于水循环的相关措施，政府应该采取综合且有计划的措施。

一、推进流域合作等流域一体化综合管理框架

（一）制定流域水循环规划

根据流域合作现状，以流域为基本单元，设立由地方公共团体、地方分（支）局、有识之士、利益相关者（从流域上游森林到下游沿岸区域与水利、水涵养、水环境等有关的工作者、团体、居民等）等组成流域水循环联合会，推进流域管理。

为推进水循环政策，在利益相关方的合作及协助下，流域水循环联合会共享水循环各种信息（水量、水质、水资源利用、地下水状况、环境等）；在充分考虑流域特性和现有其他规划的基础上，制定流域水循环规划。流域水循环联合会各

---

❶摘译自日文水循環基本法. 水循環について. 内閣官房水循環政策本部事務局.
https://www.cas.go.jp/jp/seisaku/mizu_junkan/about/basic_plan.html.

参与方共同协商,根据规划目的和对象范围的大小,视情制定合理的规划。

(二)流域水循环规划的构成

流域水循环规划根据地区实际情况分成以下五个部分:

(1)当前和今后面临的挑战。

(2)理念及目标。

(3)维持或恢复健全水循环的目标。

(4)应采取的措施。

(5)健全水循环状态或规划进展的指标等。

遵循流域水循环规划的基本方针是:在利益相关方相互协作下,实现森林、河川、农田、下水道、环境等水循环各项措施的有机结合。

二、维持及提高水资源贮存、涵养功能

通过建造雨水贮存、渗透设施等方式,实现雨水的适量贮存、涵养,在减轻洪灾的同时,创造滨水空间。

三、促进水资源的正确有效利用

(一)确保稳定的供排水

生活排水方面,为建立可持续的污水处理系统,综合考虑集中处理设施、村落排水设施、净化槽等的各自特点和经济可行性,在都道府县各自规划的基础上,有计划地选择高效的装备和合适的运营管理方法。

在灾害应对方面,应保障在发生大范围、大规模灾害时的供排水,在水道设施方面,国家、地方公共团体等应努力推进实现备用系统的供水,完善贮存设施;在强化应急供水体系和污水处理设施方面,要实现管网之间的功能互补。

（二）水基础设施的战略性维护、管理、更新

通过对设施功能的监控、诊断，国家、地方公共团体等将推进和完善风险管理，夯实信息基础，推进对设施的战略性维护、管理与更新。

为加强对集中供水（包括工业用水）和污水处理等行业的基础管理，有必要预测今后的人口规模等，根据地区状况开展设施整备和业务运营。通过设施的整合废弃、合并精简、广域化等方式，实现优化设施、整合经营、优化管理，同时开展官民联合融资，盘活民间的经营、资金、技术。

为了开展河流管理设施、污水处理设施的战略性维护管理和更新，推进机器人检查和诊断等新技术的开发与引进。

（三）水资源的高效和有效利用

1. 雨水利用

根据雨水利用法律（平成 26 年法律第 17 号），为有效利用水资源，防止雨水直接流入下水道和河道，在修建改造建筑物时，应设置雨水利用设施及污水处理设施，推进雨水利用。另外，通过各种宣传活动进行公众推广。

2. 再生水利用

推进干旱缺水期紧急利用再生水的设备维修等；推进更高效的膜处理等水处理技术、水质监测技术等的使用。

（四）水环境

1. 减轻污染负荷

对于合流式下水道，推进污染负荷的分流式改造。了解对排水口水域水资源利用的影响，并采取必要措施。

2. 湖沼、封闭性海域等的水环境改善

为了改善湖沼和封闭性海域的水质，推进高度处理技术

的引进和高度处理型净化槽的普及,包括部分改造现有污水处理设施、改进运营管理,以实现阶段性高度处理。另外,针对面源污染控制,商讨制定更加有效的联合水质改善对策。

3. 技术开发及普及

开发和普及更为有效的水处理等技术。

(五)滨水空间

将再生水、生活污水排放水引入河流和水道,促进滨水空间的创造与再生。

(六)水循环和全球变暖

1. 适应性策略

在评价全球变暖带来的气候变化影响结果的基础上,积极推进适应性策略,以应对洪水和干旱等水灾害风险,减少对水质和生态系统的影响。

2. 减缓策略

通过新技术的开发、普及,减少污水处理耗电等技术,推动节能及雨水、再生水的利用等。通过有效利用污水处理过程中的污泥和热能等可再生能源,抑制温室气体的产生,如生物气体发电和将污水热能用于地方空调系统等。将污泥作为肥料进行再生利用,减少资源运输过程中排放的二氧化碳。

四、推进有关健全水循环的教育

学校教育:在小学和中学阶段,根据学习指导纲要,开展与学生成长阶段相适应的水循环教育。编制水循环学校教育的辅助教材、实践案例及手册等资料。

联合教育:邀请森林、河川、农业、供水、污水处理、环境等各领域专家,努力打造推进健全水循环教育机构。

五、促进民间团体自发活动应采取的措施

表彰:为鼓励开展水环境保护活动,在学校、企业、地方公共团体、民间团体、研究机构等举办表彰活动,努力提高相关人员积极性和影响力。

地区发展:积累与分享地区发展活动信息,培养地区发展的新领导者;同时通过发布地区产品信息,推动地区产业的活力,实现水源地的可持续发展。

六、在流域内开展水循环现状调查

开展雨水利用设施的使用用途、使用量和集水面积等现状调查,了解贮存量、雨水利用率等水资源的有效利用情况,以及减少雨水直接排放的效果。开展再生水利用设施用途、使用量和水质等调查。

国家、地方公共团体等应积极公布调查数据和分析结果。要灵活运用开放式数据化等手段,方便公众理解和使用。

七、科学技术的发展

水资源有效利用:支持开发更高性能、更低成本的膜处理技术等水处理技术;为了推进雨水的利用,开展水质保护技术、运营管理技术和雨水利用设施规格等的调查研究;推进将再生水作为洒水、景观用水等使用的安全性评价研究,开展利用再生水的环境负荷和减能效果验证的相关研究。

水环境:通过开展污水高性能处理创新技术的试点和指

导,支持新技术的开发和普及。

八、开展国际协同,推进国际合作

(一)国际协同

与美国水环境联盟(WEF)、欧洲水协会(EWA)以及国际水协会(IWA)等协作,实现世界范围的稳定安全的供水以及水环境保护等目的,提高水资源有效管理和水处理技术方面的信息共享和宣传。

根据有关水和卫生的千年发展目标(MDGs),为确保各国实现可持续的水和卫生做出贡献。例如,为通过提高废水处理率来改善生活环境、防止水质恶化等,在没有集中和分散污水处理设施的地区推进技术合作。

在2015年后发展议程中为水设立单独目标及监测指标的同时,在国际社会中有所作为,与国际社会分享我国的理念和经验。

(二)国际合作

力求集中污水处理设施和净化槽等在日本本土发展起来的生活排水处理系统的国际普及和国际标准化。

(三)支持水资源海外贸易的开展

(1)包括金融支持、技术合作在内,官民一体推进我国水基础设施相关企业在海外的发展,推广其拥有的管网渗漏探测技术、水处理技术、非开挖管道铺设、改建技术等优秀的先进技术及其体系的海外应用。

(2)官民协作推进,向其他国家输入日本供水管网、污水处理设计的正确运营和管理,以及组织体制、法律制度架构等有关提高水治理能力的技术知识,确保日本技术和知识的优势地位。

(3)通过对亚洲等国可开展的水资源领域业务的可行性调查和实地考察、研讨会等,促进我国企业及地方公共团体的水资源贸易。

(4)积极且主导性地参与以水的再利用、污泥处理和处置、雨水管理等为主的水资源领域国际标准化进程,推进制定能较好反映我国技术的国际标准。

九、产学官联合的人才培养和国际化人才交流

从中长期的观点出发,为培养在水循环方面的专业及综合型人才,在国家相关机构、大学、产业界组建技术开发、教育和研究联盟。

推进完善水基础设施的维护、管理、更新等相关资格制度,邀请外部讲师等开展教育、研修,提高水基础设施管理人员的技术能力。另外,通过发挥退休人员作用等方法,推进年轻人才对技术的传承。

附录 3　新加坡《公用事业(供水) 条例》用水效率管理措施❶ (2018 年)

《公用事业(供水)条例》于 1997 年出台,本书收录了 2018 年修订版本的"用水效率管理措施"部分。

本部分的定义

40B. 在本部分中,除文意另有所指外:

"商业活动"是指在商业运营过程中所涉及的一项或一系列的用水活动(包括辅助活动)。

"商业活动指标"是指将符合条件的用户的商业运营活动纳入考虑范围的一种商业活动衡量标准。

"首席执行官"是指直接受雇于符合条件的用户,或代表符合条件的用户,或经由符合条件的用户约定安排,主要负责管理符合条件用户的业务运营活动的人员。

"符合条件之前的用户"是指不符合条件的用户。

"水表"是指这样的器具或装置,无论其是否由委员会提供,均用于测量、检测或调节供水采水量或用水量,但不用于计算委员会收缴水费或费用的设备。

"符合条件的用户"是指符合第 40C(1)条款规定要求的

---

❶摘译自新加坡《Public Utilities(Water Supply) Regulation》,http://sso. agc. gov. cn.

用户。

"监管期"是与符合条件的用户相关的概念,指从任何日历年的 1 月 1 日算起的 3 年期。

"代表"指:①直接受雇于符合条件的用户,或代表符合条件的用户,或经由符合条件的用户约定安排;②经由符合条件的用户指定,依据第 40H 条协助完成和提交用水效率管理计划的机构。

"水量平衡表"指可以显示以下内容的图表:①开展业务活动的用水地点的进入水量;②用水地点每项商业活动的用水量;③场所流出的水量。

"用水区域"指进行商业活动的场所内的任何区域,附表 4 中所规定的区域也包含在内。

"用水阈值"指第 40C(2)条所规定的用水量。

符合条件的用户

40C.:(1)若在监管期开始前的日历年内,某用户的商业活动均已达到(即≥)第(2)款规定的用水阈值目标,则该用户为监管期的符合条件的用户。

(2)第(1)款所指用水阈值为每日历年用水量 6 万 m^3。

(3)第(2)款所指用水不包括向船舶和供水船提供的水量,而无论所提供的水是否由委员会供应。

符合条件的用户的通知

40D.:(1)用户(包括符合条件之前的用户)必须在首次成为符合条件的用户后的 3 个月内,根据第(2)款之规定将成为合格用户的事实通知委员会。

(1A)第(1)款不适用于监管期始于 2017 年 1 月 1 日,仅因在建筑场所达到用水阈值而成为符合条件的用户。

（2）根据第（1）款发出的通知必须：

（a）在发出时：

（i）使用委员会互联网网站 http：//www. pub. gov. sg 电子服务中所提供的相关表格；

（ii）采用委员会明确规定的方式。

（b）附下述资料和文件：

（i）用户的注册名称；

（ii）用户的新加坡唯一实体编号；

（iii）用户的主营业地；

（iv）用户首席行政长官的姓名、头衔、联系方式和身份证号码；

（v）用户每位代表的姓名、头衔、联系方式和身份证号码；

（vi）用户每项商业活动场所（建筑场所除外）的地址，以及该场所的水费账号；

（vii）显示用户每处商业活动场所（建筑场所除外）用水情况和每种用水类型各自用水量的账单及其他记录（若有）；

（viii）用户的业务概况（若有）；

（ix）用户首席执行官签署的声明，确认所提交的信息是准确和完整的；

根据规定，采用委员会提供或要求形式的其他信息或文件。

（3）若用户违反第（1）款的规定，则属于违法行为。

（4）在本法规中，"建筑场所"是指用户的商业活动完全由建筑活动组成的任何营业场所，即以下任何一项或多项：

（a）建筑物、构筑物或道路的架设、建造、改建、修理或维护；

(b)与建造、检查、维修或拆迁工程有关的任何道路或邻近土地的平整、开挖等；

(c)打桩、拆除或疏浚工程；

(d)其他工程施工作业。

不符合条件用户的通知

40E.:(1) 发生以下任何一种情况时都不再属于符合条件的用户：

(a)监管期间内用户的用水量一直未达到用水阈值；

(b)用户停止自身的商业运营。

(2)不符合条件的用户必须根据第(3)款和第(4)款的规定通知委员会,告知自己不再属于符合条件用户的事实。

(3)根据第(2)款发出的通知必须做到：

(a)在发出时：

(i)使用委员会互联网网站 http://www.pub.gov.sg 电子服务中所提供的相关表格；

(ii)采用委员会规定的方式；

(b)附下述资料和文件：

(i)若用户属于监管期间内其用水量一直未能达到用水阈值的情况,则提供表明该用户在每处商业活动场所用水情况和每种用水类型用水量的账单及其他记录(若有)；

(ii)若用户属于停止自身业务活动的情况,则提供用户已停止其业务活动的证明文件；

(iii)采用委员会提供或要求形式的其他信息或文件。

(c)发出时间：

(i)若用户属于监管期间内其用水量一直未能达到用水阈值的情况,则在该用户不符合条件后的 3 个月内；

国外节水实践

（ii）若用户属于停止自身业务活动的情况,则在该用户停止业务活动之日起 3 个月内。

（4）第（3）（a）（i）款提及的有关表格必须得到用户首席执行官的批准。

（5）在不违背第（2）款的情况下:

（a）有意停止业务运营的用户可以书面通知委员会,告知用户的此类意图;

（b）通知书必须附有用户有意停止其业务运营的证明文件。

（6）若用户违反第（2）款的规定,则被视为违法行为。

符合条件用户的登记等事项

40F.委员会可以保存一份此种形式的登记表,其中包含委员会可据此确认所有符合条件的用户和所有符合条件之前的用户的详细信息。

委员会可以确定用户是否属于符合条件的用户

40G.:（1）为确定某一用户是否属于符合条件的用户,委员会可以实施如下全部或任何一项措施:

（a）以书面通知的形式要求该用户:

（i）在规定的时间内（委员会可以在通知中给出）进行此类检查;

（ii）在规定的时间内（委员会可以在通知中给出）向委员会提交与该用户业务活动有关的报告、资料或文件;

（b）若委员会认为有必要,可由其雇员、代理人或承建商在合理的时间进入该用户的营业场所并进行此类检查,以查明水源和各处用水区域所用的每种用水类型的用水量。

（2）若用户违反第（1）（a）款的规定且无合理理由,则被视为违法行为。

用水效率管理计划的提交

40H. : (1) 符合条件的用户必须遵照本条款之规定,编制并经由代表向委员会提交关于该用户每项商业活动(不包括完全由施工组成的商业活动)的用水效率管理计划,提交日期不迟于每年的 6 月 30 日。

(2)提交用水效率管理计划必须做到:

(a)使用委员会互联网网站 http://www.pub.gov.sg 电子服务中所提供的相关表格;

(b)采用委员会明确规定的方式。

(3)所提交的用水效率管理计划必须得到符合条件的用户首席行政长官的批准。

(4)就每项业务活动而言,用水效率管理计划必须包括提交给委员会当年之前一年的如下信息:

(a)开展商业活动当年的业务运营天数;

(b)工厂回收率和工艺回收率(如适用);

(c)委员会供应的每种类型用水的用水总量;

(d)非委员会供应的每种类型用水的用水总量;

(e)每处用水区域所用的每种类型用水(无论是否由委员会供应)的用水量,任何私用水表所记录的用水量均包含在内;

(f)对于重复利用或循环利用的水流,需提供其类型和水量、用于再循环的处理类型以及使用该类型用水区域的信息;

(g)每项商业活动的指标;

(h)一份就如下内容做出详细说明的用水效率计划:

· 节水措施;

· 实施此类措施的日期;

· 此类措施的执行情况;

· 每种用水类型的预计年节水量。

（i）一份水量平衡图;

（j）委员会可能要求提供的其他信息。

（5）若用户违反第（1）款的规定,应被视为违法行为。

（6）在本条款中,就商业活动而言,所谓"建筑"是指如下任何一项或多项：

（a）建筑物、构筑物或道路的架设、建造、改建、修理或维护;

（b）与建造、检查、维修或拆迁工程有关的任何道路或邻近土地的平整、开挖等;

（c）打桩、拆除或疏浚工程;

（d）任何其他工程施工作业。

委员会可以就用水效率管理计划做出指示

40I.：（1）如果符合条件的用户所提交用水效率管理计划与40H条款要求不符,委员会可以发出书面通知,指示该符合条件的用户进行整改或重新计算,并在委员会通知中所规定的时间重新向委员会提交用水效率管理计划。

（2）若符合条件用户未遵循根据第（1）款规定所做的指示,应视为违法行为。

应由符合条件的用户保存的记录

40J.：（1）符合条件的用户必须保存并维护第（2）款所规定信息的完整和准确记录。

（2）第（1）款所提及的信息如下:

（a）有关下述内容的信息：

（i）委员会供应的每种类型用水的用水总量；

（ii）非委员会供应的每种类型用水的用水总量；

（b）用于计算工厂回收率和工艺回收率的信息（若适用）；

（c）水量平衡表；

（d）每处用水区域所用的每种类型用水（无论是否由委员会供应）的用水量信息，任何私用水表所记录的用水量均包含在内；

（e）对于重复利用或循环利用的水流，需提供其类型和水量、用于再循环的处理类型以及使用该类型用水区域的信息；

（f）符合条件的用户依据第 40H 条款之规定，为编制用水效率管理计划而参考的任何其他信息。

（3）符合条件的用户必须：

（a）自创建或收到该记录之日起，保留第（1）款所述每条记录至少 5 年；

（b）在此期间内，当委员会需要，应做到随时备妥记录以供委员会或授权人员查阅，或将其提交给委员会。

（4）第（1）款所述记录可以电子形式保管维护。

（5）若符合条件的用户违反第（1）或（3）款的规定，应被视为违法行为。

水表的安装和用水量的测量

40K. ：（1）本条款适用于满足下述条件的用户（在本条款中称为"相关用户"）：

（a）该用户为符合条件的用户，或者

（b）当该用户申请由委员会供水时，咨询委员会后估算自己用于商业活动的每月平均用水量（无论所用之水是否由委员会提供）至少需要 5 000 m³。

（2）若第（1）（a）条款适用，相关用户在成为符合条件的用户后 6 个月内必须安装一块或多块水表，以测量并监控附表 4 第二栏中所列的，已经达到用水阈值的用户开展任何商业活动的全部场所中各用水区域内的用水量。

（3）除第（2）条款另有规定者外，凡遇相关用户属于附表 4 第 5 项或第 6 项第一栏所指部门且委员会在 2015 年 1 月 1 日之前向该用户供水属临时供水的情况，则该用户无需安装任何水表来测量并监控该附表第二栏对侧所列的任何用水区域的用水量。

（4）若第（1）（b）款适用，则在持牌管道工完成委员会供水 WSI 工程时，依据《2018 年公用事业（规范工程与 WSI 设计工程）法规》（GN No. S 163/2018）之规定向委员会提交合规完工证书之前，相关用户必须在自己估算会达到第（1）（b）款所规定月度用水量的每处商业活动场所内安装一块或多块水表，用以测量并监控附表 4 第二栏所列各用水区域的用水量。

（5）若委员会有充足的理由，则可采取书面通知的方式，要求相关用户在规定时间（可于通知中规定）内安装一块或多块水表，用以测量并监控各用水区域（附表 4 第二栏中所列用水区域除外）的用水量。

（6）若相关用户违反第（2）或第（4）款之规定，或不符合第（5）款的要求，则被视为违法行为。

附录 4　澳大利亚《水倡议政府间协议》❶ （2004 年）

澳大利亚联邦和南威尔士、维多利亚、昆士兰、南澳大利亚、首都地区和北方领土地区政府（摘译）
（2004 年）

环境用水综合治理

成果

78. 各方同意,环境用水综合治理的成果为,在水资源规划框架内鉴识水系统的环境效益及其他公益成果,并通过制定和开展管理实践和制度安排实现这些成果。采取下列措施:

(1)鉴识预期环境效益及其他公益成果时,要求体现尽可能多的特异性;

(2)设立和配备可实行问责的环境用水管理人员,赋予其必要的权力和资源,适时适地充足供水,实现环境效益及其他公益成果,包括必要时跨越州/领地边界;

(3)为取得设定的成果,优化供水措施成本效益。

---

❶译自《Intergovenmental Agreement on A National Water Initiative Between the Commonwealth of Australia and the Crovernment of New South Wales, Victoria, Queensland, South Australia, the Australian Capital Territory and the Northern Territory》(节选)。

行动

79.识别不同类型地表水和地下水系统,特别是资源使用的不同性质和强度,识别水规划中鉴识环境效益及其他公益成果的要求和阐述实现这些成果所必需的用水管理安排的要求(参照第 35 段 2)),各州和地区同意:

(1)建立有效且高效的管理和制度安排,确保实现环境效益和其他公益成果,包括:

a)环境用水管理人员:对环境供水管理和环境效益及其他公益成果的实现负责;

b)合作机制:辖区之间资源共享;

c)地下水和地表水统一管理:针对地下水和地表水系统较紧密联系地区;

d)定期独立审计、审查和公开报告:环境效益及其他公益成果是否实现,供水是否充分,相应的管理安排是否适当;

e)环境用水管理人员在临时市场上进行水交易的能力:针对间或出现的实现环境效益及其他公益成果所不需要的那部分水(与第 35 段 3)一致);

f)任何实现环境价值和水管理安排所必需的特殊要求:以维持高保护价值的河流、河段和地下水区;

(2)当变更环境效益及其他公益成果从而需要回收水资源时,采用以下原则确定最有效且高效的水资源回收措施组合:

a)考虑所有可行的水资源回收方案,包括:

—投资更高效的水基础设施;

—通过招标或其他市场机制从市场上购买水;

—投资更有效的水管理实践,包括计量;

—投资行为改变,减少城市耗用水量;

b) 评估最有前景方案的社会经济成本和效益,包括下游用户和对更广泛自然资源管理成果的影响(如对水质或盐度的影响);

c) 主要基于成本效益选择措施,进行社会经济影响管理。

水资源核算

成果

80. 各方同意,水资源核算的成果为,确保所有辖区的计量、监测和报告系统完全就位,提高公众和投资者对交易水量、取用水量、回收管理的环境效益及其他公益成果用水量的信心。

行动

核算体系的基准

81. 为在各水核算体系之间进行比较,认识到国家框架可以促进采用最佳实践并做出持续改进,各方同意于 2005 年 6 月前在全国范围内统一各辖区水核算体系检测基准,包括:

(1)以州为基础的水权登记制度;

(2)水服务提供商的水核算体系;

(3)水服务提供商的用水/输水效率;

(4)辖区/系统的水及其他相关数据库。

统一水账户

82. 考虑到健全的水核算可以保护准入权制度的完整

性,各方同意在 2006 年前制定并实施以下制度:

（1）核算体系标准,特别是在辖区间共享水系资源和水市场运转地区;

（2）标准化报告格式,对比用水、权利遵守和交易信息情况;

（3）每年对水资源账户进行协调、汇总,达到全国水资源平衡,包括:

a) 涵盖所有受控水资源系统大用水户的水平衡;

b) 在地下水含水层和河川径流紧密联系地区整合地下水和地表水利用核算的制度;

c) 考虑将土地利用变化、气候变化及其他外部效应作为水平衡影响要素。

83. 各州和领地同意,2005 年底前确认地下含水层与河川径流紧密联系地区,并在 2008 年前整合地下水和地表水利用核算体系。

环境用水核算

84. 各方同意,在第 82 段统一水账户的条件下,制定和采用环境用水核算原则。

85. 各方进一步同意,2005 年中制定并于 2006 年中实行以下制度:

（1）新的和现有环境用水兼容注册(与第 35 段一致),显示来源、地点、数量、保证率、用途、预期环境效果、类型等所有相关细节;

（2）年度报告安排,报告内容应涵盖:环境用水规则,特定年份是否触发使用,规则实施的程度,在追求和实现环境效益及其他公益成果的过程中资源利用的总体效果。

信息

86. 各州和地区同意：

（1）提高数据采集与管理系统的协调性，促进更好分享信息；

（2）发展数据采集和存储的伙伴关系；

（3）确认并推广数据管理制度最佳实践。

计量和测量

87. 各方同意针对下列情形在一致的基础上普遍开展计量：

（1）水规划过程中确认需要计量的应享权利类别；

（2）取水权利交易；

（3）对分享可用水量存在争议；

（4）发放新授权；

（5）应社区要求。

88. 认识到从计量获取的信息必须实用、可信、可靠，各方同意于 2006 年制定并于 2007 年采用：

（1）国家仪表规范；

（2）国家计量标准，结合仪表规范对仪表安装做出规定；

（3）与仪表相关的辅助数据采集系统国家标准。

报告

89. 各方同意，针对下列问题，于 2005 年中制定并于 2007 年实施国家指南，涵盖公开报告的应用、层级、细目、频次等：

（1）计量用水及相关合规和执法行动；

（2）交易结果；

（3）环境放水与管理方式；

（4）违反可用性和使用规则获得取水授权。

国外节水实践
GUOWAI JIESHUI SHIJIAN

附录 5　澳大利亚《国家干旱协议》[1]
（2018 年）

本协议的签署方：

- ●澳大利亚联邦
- ●各州和领地,包括：
  - ○新南威尔士
  - ○维多利亚
  - ○昆士兰
  - ○西澳大利亚
  - ○南澳大利亚
  - ○塔斯马尼亚
  - ○首都地区
  - ○北方领土地区

背景

干旱构成澳大利亚风光,干旱管理是澳大利亚农业特色。澳大利亚农业企业和农业社区正在逐步采取精密而有效的策略处理干旱问题和应对气候变化及其变异性。

本协议继续夯实干旱政策改革基础,包括放弃"异常情

---

[1]译自澳大利亚《National Drought Agreement》。

况"安排和地图上的关联线,以期获得干旱援助。

协议的优先目标和成果是增强澳大利亚农业企业和农业社区的长远防备、可持续发展、抗压恢复和风险管理能力。

协议阐述了联邦、州和地区政府在干旱相关问题上的协调、合作方式,勾勒了为农业企业、农户和农业社区提供支持时各自的责任。

协议提供一个框架,使干旱政策和改革目标保持一致,干旱防备、应对和恢复计划保持并协。

本协议也是各辖区为提高适应气候变化能力采取的其他措施的补充。

引言

1. 本协议取代 2013 年《国家干旱计划改革政府间协议》。

2. 本协议签署方为澳大利亚联邦(联邦)和各州、地区。本文中"各辖区"或"各方"指联邦、州和地区。

3. 签订本协议时,各辖区承认其共同兴趣是继续改革干旱相关计划,需要共同努力,帮助农业企业、农户和农业社区管控未来气候变化和变异的挑战和风险,做好应对准备。

4. 本协议将在联邦和一个州或地区签署后生效,预定于 2024 年 6 月 30 日到期。

5. 本协议也适用于各辖区在本协议有效期内采用的其他干旱相关计划。

目标

6. 本协议旨在:

a. 为各辖区提供一个框架,确保:

ⅰ.干旱防备、应对和恢复方面的合作；

ⅱ.干旱政策和改革目标的一致性；

ⅲ.干旱防备、应对和恢复计划的并协性；

ⅳ.避免不必要的重复工作或忽略关键问题。

b.在长远可持续发展、适应性以及采用完善的风险管控方式和健全的自然资源管理等方面,为农业企业、农户和农业社区提供支持,使其能够做好应对干旱、气候变化及其变异性的准备。

c.通过提高技能和业务决策能力、研发采用新知识和工具,促使农业企业和农业部门自主采用可持续且弹性的方法管控经营风险。

d.确保农户和农业社区能够获得减轻干旱对健康和福祉影响的服务。

e.与利益相关者合作,确保援助措施到位,并且需求者可获得明确信息。

f.为决策者、业界和公众开放优质的干旱相关数据公共源,提高政策制定和商业决策水平。

成果

7.本协议将有助于实现以下成果：

a.提高农业企业管控商业风险的能力,掌握可持续且弹性的风险管理实践工具。

b.农业企业、行业服务提供商、农业金融、社区组织和当地政府成为政府合作伙伴,支持农村社区做好干旱防备和应对工作。

c.农业企业、农户和农业社区能够在困难时期获得援助,并增强对获取援助途径的了解。

d.各辖区应对干旱的职能和责任:

ⅰ.明确;

ⅱ.促进干旱政策和改革目标的一致性;

ⅲ.干旱防备、应对和恢复计划相辅相成;

ⅳ.减少脱节和不必要的重复。

e.改进跨辖区数据和信息公共源的共享,提高公共源质量,加强对政策制定和商业决策的支撑。

f.未来与本协议目标相关的计划符合附件 A 的改革原则。

g.未来临时性旱灾援助计划符合附件 B 的原则和流程。

职能和责任

8.为实现本协议目标和成果,各方均承担具体职能和责任,如下所述:

联邦的职能

9.联邦负责:

a.根据个人和农户需要,限时提供家庭支助,包括:

ⅰ.鼓励复原力的互惠义务;

ⅱ.归口管理,支持互惠义务要求。

b.成立并运营"未来干旱基金",提高干旱防备和恢复能力。

c.持续采取激励措施,支持农业企业进行风险管理,包括税收优惠、"农场经营保证金计划"、优惠贷款等。

d.利用气象局的观测网和预报,完善和维护全国、区域和当地的预测与实时干旱指标信息。

州和地区的职能

10. 州或地区负责：

a. 鼓励创设和引入能力建设计划，提高农业企业的技能和决策能力，使其具有灵活性且适合自身需求。

b. 干旱期间确保动物福祉且土地管理问题得到妥善处理。

共同的职能和责任

11. 联邦、州和地区共同负责：

a. 制定、设计、实施和资助与本协议相一致的干旱防备、应对和恢复计划，鼓励稳健的风险管理，力求避免市场扭曲。

b. 开发能力建设项目、工具和技术，贯穿于并改进农业企业的决策过程，提升复原力。

c. 提供农村金融咨询服务。

d. 为减轻干旱对农户和农业社区健康和福祉的影响提供支持。

e. 在制定和实施干旱防备、应对和复苏政策与计划的过程中，信息共享、协调、合作与沟通。

f. 确保可方便地随时获取有关干旱防备、应对和复原援助方面的信息。

g. 确保干旱政策和改革目标的一致性以及干旱防备、应对、复原计划的并协性。

h. 促成高质量公开数据建设，包括但不限于：

ⅰ. 天气、季节和气候预报；

ⅱ. 区域和当地预报实时干旱指标信息；

ⅲ. 协调一致的干旱预警系统；

ⅳ. 增进对澳大利亚饲料作物和牲畜保有量的了解。

监测、评价和报告

12.经各方同意,每年向农业高级官员委员会报告在干旱相关项目中的职能、责任和业绩。

13.经各方同意,农业高级官员委员会成员或代表每年就本协议执行情况进行商讨,确保协议得到有效且高效执行,各方切实履行职能,担负责任。

14.农业高级官员委员会每年向农业部长论坛提交报告,按要求报告执行本协议的进展情况。

15.各方编制进展报告框架,呈交农业部长论坛核准。农业部长论坛每年发布本协议执行进展报告。

协议管理机制

执行

16.农业部长论坛监督协议执行,向澳大利亚政府委员会提交年度报告,按要求报告执行本协议的进展情况。

强制性

17.各方不希望本协议任何条款具有法律强制性,但并不削弱各方对本协议的承诺。

复审

18.本协议期满前约两年内进行复审,农业部长论坛负责确定复审任务、时间安排和方式。

变更

19.各方可随时通过书面协议修订或延长本协议。

20.任何一方可随时通过书面通知所有其他各方终止参加本协议。

争议解决

21.任何一方可向其他一方或所有方发出争议通知。

22.相关各方官员应在第一时间尝试解决争议。

23. 如果官员不能解决争议, 可升级至相关部长, 必要时至澳大利亚政府委员会解决。

(承诺和签字略)

附件 A: 改革原则

本协议的基本原则:

1. 政府政策和计划应支持农业企业、农户和农业社区做好应对干旱的准备, 提高长期可持续性和恢复能力。

2. 干旱只是对农业企业造成不利影响的诸多因素之一。

3. 必须简化计划及其可行性评估, 取消繁文缛节, 并及时向农业企业、农户和农业社区提供援助。

4. 认识到农业企业作为国家食品和纤维生产商与重要出口创收单位所发挥的重要作用。

5. 未来农场家庭福利援助应要求一定程度的相互责任。

6. 关于获准进入收入补贴系统, 农户应享有与更大范围社区相同的准入权, 并认可有别的临时性资产测试。

7. 政策和计划应有助于农业企业规划, 为未来做好准备。

8. 援助基于农业企业意愿, 为应对气候变异和变化做好准备。

9. 政策和计划应认可农业企业在维持强大而有凝聚力的农村社区方面发挥的重要作用。

10. 政策和计划应承认干旱和气候变化条件下维护和支撑自然资源基础的重要性。

11. 不应再宣布"异常情况", 不应再有地图上的关联线。

附件 B：干旱期援助原则和流程

原则

本附件所列原则和流程已经确认作为干旱期援助指南的准则。

辖区决定采取干旱期援助措施,应做到:

1. 与改革原则相一致并与现有措施形成互补。

2. 政府职责明确,提供净公共利益。

3. 鼓励健全的风险管理,力求避免造成市场扭曲。

4. 致力于公认的社会福利需求。

5. 鼓励良好的农业经营决策,促进农业部门调整。

6. 加强与其他措施或服务提供商之间的联系。

7. 避免将政府定位为商业"最后贷款人"。

8. 认识到维护自然资源基础和保障动物福利的重要性。

流程

1. 干旱期应通过分阶段方式提供援助,使政府能够根据情况变化调整援助类型或水平。阶段分为:

a. 随时可用的措施;

b. 增加现有措施,应对日益增长的需求;

c. 采取措施,满足新确定的需求。

附录 6　美国《节水规划指南》❶
（1998 年）

本部分摘录和翻译美国环保署《节水规划指南》摘要、第一部分综述、第三部分节水规划基础指南和附录 A 节水措施，共四个部分内容。《节水规划指南》于 1998 年正式发布，其整体内容架构可从下文摘要部分获取相关信息。

（一）摘要

1996 年修订的《安全饮用水法》要求美国环境保护署在制定节水规划时发布供水公用设施使用指南。各州可自行根据指南制定供水系统规划，作为获得饮用水州循环贷款基金（SRF）贷款的条件。

本节水规划指南面向供水系统规划人员。联邦法律或法规并未要求采用本指南，由各州决定是否要求供水系统提交符合本指南或其他指南的节水规划。

虽然是自愿性质，但是本指南有助于将节水规划纳入供水公用设施固定资本规划主流。国家供水系统基础设施建设需求巨大。采用节水策略有助于提升供水和废水处理基础设施资产的价值，延长其寿命，同时还可通过州循环贷款基金和其他项目增加公共基金效益投资。

---

❶摘译自《Water Conservation Plan Guidelines》。

　　本文件包含六个部分。第一部分是指南的引言,向各州介绍指南的性质及其应用。讨论的主题包括:综合节水和基础设施规划、节水规划标准、指南与措施、各州角色和目前各州计划。此外,还讨论了一种微小系统能力开发法,建议按照《安全饮用水法》的要求,将节水规划和执行援助纳入各州能力建设工作。第二部分面向供水系统,综述了本指南的编排、内容和应用。

　　接下来的三个部分包含了基础、中级和高级节水规划指南。

　　□基础指南面向服务人口不超过 10 000 人的供水系统。某些供水系统,特别是服务人口不超过 3 300 人的供水系统,可纳入上述的能力开发法,而无须制定规划要求。系统应咨询所在州的主管部门,获得能力开发的相关信息,得到指导。

　　□中级指南面向服务人口 10 000 ~ 100 000 人的供水系统。

　　□高级指南面向服务人口超过 100 000 人以上的供水系统。

　　基础指南包括 5 个简化规划步骤。中级和高级指南有 9 个规划步骤(在分析范围和所要求的详细程度方面有所不同):明确节水规划目标,研究供水系统特点,做出需求预测,描绘规划工程设施,鉴别节水措施,分析效益与成本,选择措施方案,整合资源并调整预测,提出实施与评价战略。

　　将节水措施分为三个级别。一级措施包含四类措施,建议至少在基础指南中要加以考虑。二级措施和三级措施增加了额外的措施类别,建议分别在中级和高级指南中加以考

虑如下：

一级措施

□通用计量

□水资源核算与损耗控制

□成本与定价

□信息与培训

二级措施

□用水审计

□改造升级

□水压管理

□景观效率

三级措施

□替代与推广

□循环利用

□水资源利用法规

□资源综合管理

本指南的 6 个附件提供了辅助信息：节水措施详细说明（附录 A）、节水基准（附录 B）、缩略语及词汇表（附录 C）、信息来源（附录 D）、资金来源（附录 E）及各州联络人（附录 F）。

（二）综述

1. 节水规划指南与《安全饮用水法》

《安全饮用水法》（SDWA）第 1 455 节要求美国环境保护署发布以下指南：

依据第 1 455 节规定，（a）关于指南：在 1996 年《安全饮用水法修正案》颁布之后 2 年内,署长应在《联邦公报》上发布节水规划指南,分别针对服务人口 3 300 人以下、3 300~10 000 人、10 000 人以上的公共供水系统,需要考虑诸如水资源可利用量和气候等因素。

(b)关于贷款或赠款:根据上述(a)款,发布指南后 1 年内,行使公共供水系统主管责任的州当局,提出贷款或赠款申请时,根据第 1 452 节的规定,需要提交符合指南要求的供水系统节水规划,作为获得州贷款基金的贷款或赠款的先决条件。

本指南面向供水系统管理人员。联邦法律或法规并未要求采用本指南;然而,无论法律要求与否,供水系统都可受益于节水规划。由各州决定是否要求供水系统提交符合本指南或其他指南的节水规划。重要的是,供水系统管理人员要了解并遵守其所在州、地区或地方法规要求。

2.节水规划的益处

节水的益处

为了满足现有和未来人口的需求,并确保生境和生态系统得到保护,国家水资源必须具备可持续性和可再生性。健全的水资源管理强调谨慎、高效利用水资源,是实现这些目标的必要条件。

高效水资源利用通过改善水质、维持水生生态系统和保护饮用水资源,带来重大的环境、公共卫生和经济效益。随着生态系统及其生物完整性面临越来越大的风险,水质与水量之间密不可分的联系变得越来越重要。高效水资源利用是达致水质和水量目标的途径。高效水资源利用还可以通过减少废水流量、回收工业生产用水、废水再生利用和减少能源用量来防止污染。

来源:美国环境保护署水资源办公室,《水资源高效利用原则声明》(1992 年 12 月)。

节水包括失水量、废水量或用水量的有益减少。在公共设施规划的背景下，"有益的"一词通常意味着某项活动的收益大于其成本。节水在许多方面都是有益的，但其中一个重要原因是节水可帮助供水系统避免、缩减或推迟建设供水和废水处理项目。用于处理和输送饮用水（以及收集和处理废水）的设施规模应满足需求；如果需求水平因浪费使用而膨胀，则人们在资本和运营成本方面的支出就会超过提供安全、充足供水和废水服务所需的费用。此外，当饮用水供应和废水处理成本降低时，财政资源就可用来满足其他需求。

在基础设施投入方面，从规划压减需水量从而避免供水、水处理、配水成本的角度对节水效益进行适当评估。随着时间的推移，节水变得越来越有价值，因为未来的供水及其所需工程设施成本将更高（即使根据通货膨胀进行校正）。换言之，今天实现的永久性节水在未来将具有越来越大的价值。

规划是一种预测未来和组织相应活动的手段。节水规划可帮助供水系统管理人员审视其现有工作，并识别新机会。规划还有助于公用事业在《安全饮用水法》合规、基础设施改善和满足需求增长等方面管理其竞争目标和成本上升。供水系统管理人员在节水规划的投资应产生节水效益，并能用水量和货币来衡量。

本指南提出的规划方法建议易于实行且成本相对低廉。需要提请注意，对于公用事业来说，需要精确了解本州采用的规划要求，并考虑如何与本指南配合使用系统已制定的其他规划。

3. 规划过程概述

本指南为水资源管理人员提供一个框架,用来评估节水的成本有效性,以及节水在减免或推迟供应侧投资和运营成本等方面产生的价值。

附表1　系统规模分类及指南类型

系统规模分类(《安全饮用水法》)	适用指南
服务人口3 300人以下	基础指南或能力开发方法[a]
服务人口3 300~10 000人	基础指南 服务人口10 000人以下
服务人口10 000人以下	中级指南 服务人口100 000人以下
	高级指南 服务人口100 000人以上

注:[a] 各州还可通过小型供水系统的能力开发策略推进节水规划。某些州可协助小型供水系统通过其能力开发策略开展节水项目规划和实施。

美国环境保护署拟定了三套指南(概述见附表1):

□基础指南面向服务人口10 000人以下的供水系统。某些供水系统,特别是服务人口不足3 300的供水系统,可纳入能力开发法,以便通过《安全饮用水法》要求的州级能力开发策略开展水资源节约保护(见第1部分第5节)。系统应咨询所在州主管部门,获得有关能力开发的信息与指导。

□中级指南面向服务人口10 000~100 000人的供水系统。

□高级指南面向服务人口100 000人以上的供水系统。

指南的适用性也取决于影响供水系统的各项因素和条件及其对节水规划的需求。例如,供水资源有限的小型系统可能要遵循中级指南。供水系统管理者应按照所在州的规则、法规和建议选择适用的指南。

每项指南都遵循类似的规划过程框架。然而,基础、中

级和高级指南在分析范围和编制节水规划时所需的细节数量有所不同。基础指南只提出简化规划方法。中级和高级指南则提出节水综合规划,如附表 2 所示。以更好地满足系统需求和州的要求。

附表 2 综合节水规划内容

1.制定节水规划目标
○列出节水规划目标及其与供应侧规划的关系
○描述社区参与目标开发过程
2.编制供水系统概述
○记录现有设施、生产特性和用水量
○概述可能影响供水系统和节水规划的情况
3.需求预测
○预测未来一段时期的预期用水量
○根据已知和可测量的因素调整需水量
○不确定性讨论和"如果—怎样"(敏感度)分析
4.规划设施
○合理规划期内供水系统改善规划
○估算规划新建改建供应侧设施的总成本、年化成本和单位成本(按每加仑计)
○根据预期的新建改建,初步预测规划期总供水能力
5.选择节水措施
○审核已实施或规划实施的节水措施
○讨论实施建议措施的法律或其他障碍
○选择措施并做进一步分析
6.分析收益和成本
○估算实施总成本和预期节水量
○评估建议的节水措施的成本效益
○比较实施成本

续附表 2

---

7. 确定节水措施

○ 选择节水措施的标准

○ 识别选定的措施

○ 解释不实施建议的节水措施的原因

○ 实施节水措施的策略及时间表

8. 整合资源并修订预测

○ 修订需水量和供水能力预测，以反映预期的节水效果

○ 讨论节水工作对购水量规划、改善和增加的影响

○ 讨论节水工作对供水收入的影响

9. 提出实施和评价策略

○ 执行及评估节水规划的方法

○ 由系统管理机构对节水规划进行认证

　　许多工作表以加仑（gal）作为测量水量的单位。然而，供水系统应使用规划、报告和其他目的的常规计量单位。供水系统还应尽可能利用现有信息资源（如当前需求预测），以便促进节水规划的编制并避免重复工作。

　　本指南还关注供水系统的节水效益。对于许多系统来说，分析也可包括废水处理系统，特别是在效益和成本评估方面。节水有助于社区降低废水处理设施和供水设施的成本，本指南可提供一项评估框架。

　　各项指南之间的一个重要区别就是推荐给管理者考虑节水措施的数量。本指南采用节水措施累积法，分为三个级别（见表1-3和附表3）。每个级别包括追加措施类型。比如，中级指南包括的措施多于基础指南，高级指南包括的措施多于中级指南。这项框架采纳了可用于具有不同需求和

能力的供水系统的节水措施连续统一体。

附表3 指南及相关的节水措施[a]

措施	高级指南		
	中级指南		
	基础指南		
1级措施			
万用表[B]	源水计量 服务联接测量和读取 公共用水计量	固定间隔仪表读取 仪表准确度分析	仪表测试、校准、修理和更换
水量核算和失水量控制[A]	核算水量 修复已知渗漏	分析漏失水量 供水系统审计 渗漏检测与修复策略 自动传感器/遥测	损失预防方案
成本核算和定价[B]	服务成本核算 用户收费 计量率	成本分析 非促销费率	先进定价方法
信息和教育[B]	合理水费 可用信息	告知性水费 水费插页 学校方案 公共教育方案	研讨会 咨询委员会
2级措施			
用水量审核[B]		用水大户审核 大景观审核	选择性最终用途审核
改造[A]		可用改造设备	改造设备分配 针对性方案

续附表 3

措施	高级指南		
	中级指南		
	基础指南		
压力管理[A]		全系统压力管理	选择性使用减压阀
景观效率[P]		景观效率提升 选择性灌溉分表	景观规划及改造 灌溉管理
3 级措施			
更新和提升[B]			退费和鼓励（非居民） 退税和鼓励（居民） 推广新技术
循环回用[B]			工业应用 大型灌溉应用 选择性住宅应用
用水量监管[B]			用水量标准和规定 新发展要求
资源综合管理[B]			供应侧技术 需求侧技术

注：【a】措施说明见附录 A。供水系统至少应考虑其适用的指南所列措施。

【A】措施影响日均需水量。

【P】措施影响最大日（峰值）需水量。

【B】措施同时影响日均需水量和高峰需水量。

节水措施体系不应解释为某些措施的价值高于其他措施。强烈鼓励供水系统的管理者和规划者全方位考虑附件 A 中所述的各项节水措施。

(三) 节水规划基础指南

> 基础指南用于服务 10 000 人以下的供水系统。小型供水系统，特别是服务 3 300 人以下的供水系统，则纳入能力开发方案，该方案旨在通过《安全饮用水法》所规定的州的能力开发战略来解决节水问题(参见第 1 部分第 5 节)。各供水系统应与本州主管机构协商，获得有关能力开发的信息和指导。
>
> 指南的适用性还取决于供水系统的各项影响因素和条件，以及编制节水规划的需要。例如，供水水源受限的小型供水系统也许要遵循中级指南。供水系统管理者应核对本州的有关规章制度及意见，以确定应遵循的指南。

1. 制定节水规划目标

规划目标

> 根据供水系统及其消费者的预期受益来确定节水规划目标。鼓励受影响的社区人群参与制定节水规划目标以及整个实施过程。

可从不同角度制定规划目标。本指南侧重于供水方角度。降低需水量有助于供水方消除、缩减或推迟供给侧设施的建设和运行。

消费者及全社会也可从节水项目中受益。节水项目通过保护环境资源造福于社会，又通过降低能源和长期水资源成本造福消费者。节水降低了对废水系统的需求；事实上，减少废水处理成本需求就是节水的有力理由。本指南和工作表可同时用于排除节水和废水作业的潜在影响。

供水系统应详述其目标。可度量的目标有利于进行评估。例如，许多供水系统采用特定的用水量缩减目标(作为当前的用水百分比)。节水规划目标可包括：

☐消除、缩减或推迟资本项目需求。

☐提高现有设施的利用率并延长使用寿命。

□降低可变运营成本。

□避免新的资源开发成本。

□改善干旱或应急准备。

□向消费者宣传水资源的价值。

□提高安全、可靠产水量的可靠性和利润率。

□保护环境资源。

管理者应在最终确定节水规划之前重新审核目标,并在此后定期进行审核,因为目标和实现目标的方法会不断发展。在供水系统达到特定节水目标后,还可提出新目标。

社区参与

目标制定过程应包括社区代表参与。现代资源规划注重开放过程,使所有受影响的群体都有机会表达其利益和关切。社区参与目标制定和实施具有重要的公共宣传功能,能大大促进节水项目的成功实施。可能对节水感兴趣的社区成员包括:

□住宅用水消费者	□劳动者群体
□商业用水消费者	□企业和商业团体
□工业用水消费者	□娱乐用水户
□批发消费者	□农业用户
□环保团体	□教育机构
□民权团体	□政府机关
□印地安部落	

除帮助供水系统明确规划目标外,社区参与者还可在供水系统的节水项目中持续发挥作用。持续参与有助于实现节水目标,为其提供支持并宣传节水工作。参与者可作为重点群体探索特定节水措施(在第 4 节中进行讨论),还可在实

施特定节水措施过程中为消费者、企业和机构等主要群体发挥有益的关联作用。参与者还可在供水系统项目满意度方面做出贡献。最后,社区团体可协助供水系统监测结果并调整项目实施过程。

对于许多供水系统而言,供水系统规划的社区参与工作是一项新经验。社区参与未必会需要过多时间和资源。即使是一些"市民"会议或"头脑风暴"会议也会有所帮助。大多数系统管理者会发现,让社区成员参与制定目标、实施项目并评估结果是一项非常值得的投资。幸运的是,可以获得这方面的指导❶。

2. 编制供水系统概况

> 对供水系统的服务和运行特征进行总结。对各项条件进行综述,并描述气候、可用水量或其他可能影响节水规划的因素。

通过盘点现有资源和条件编制供水系统概况,这有助于评估供水系统目前状况,并设计策略以满足新出现的需求。大多数系统应保存所需的信息。许多信息可能已经被编入设施规划或用作其他用途。

供水系统可使用工作表1编制并呈现系统概况。概况还可包括有助于描述系统特征(如供需措施)趋势的数据等附加信息。工作表的第一部分列出了系统特征。

工作表的第二部分是节水规划工作影响因素概述。这个清单可用来检查影响水资源供应或需求的情况,重点关注对所使用的供水系统影响最大的情况。工作表中列出的情况表明了节水规划需求。尽管所有供水系统均会受益于效率改进,节水仍会特别有益于水资源短缺或需求快速增加的供水系统。

---

❶参见《公共参与策略——管理者手册》,科罗拉多州丹佛市:美国水工协会研究基金会,1996年

工作表 1　供水系统概况

总结系统特点			
A	服务特点		数量
1	估计服务人口		
2	估计服务面积/平方英里		
B	年供水量	年水量	计量百分比
3	年总供水量		%
C	服务连通数	连通数	计量百分比
4	居民、独户		%
5	其他		%
6	连通总数		%
D	需水量	年总量	占总量百分比	按连通量
7	计量居民销售额			
8	计量非居民销售额			
9	其他计量销售额			
10	非计量销售额			
11	非账户水量[a]			
12	系统总需求量 （总用水量）			
E	平均与峰值需求量	需求量	总供给能力	占总供给能力 百分比
13	日均需求量			%
14	最大日需求量			%
F	定价	水费结构[b]	计量时间表[c]	计费时间表[c]
15	居民水费			
16	非居民水费			
17	其他水费			
G	规划	制定规划 ☑	日期	州备案 ☑
18	资金、设施或供水 规划			
19	干旱或应急规划			
20	节水规划			

续工作表 1

总结系统条件				
H	规划问题	是	否	评述
21	系统是否位于指定的关键供水区？			
22	系统是否经常出现缺水或紧急情况？			
23	系统是否有大量的非账户用水和失水？			
24	系统是否正在经历快速人口增长和/或水需求增长？			
25	系统节水规划是否有重大改进或提升？			

总结当前节水行动			
节水措施	估计年节水量（如果知道）	开始实施（日期）	是否计划继续实施？

注：【a】非账户水量是指未计量但出售给消费者的水量（包括授权和未经授权用水）。参见附录 A、图 A-7 和工作表 A-2。

【b】均一、阶梯递增、阶梯递减、季节性或其他。

【c】季度、月度或其他。

在某些条件下，各州会为供水系统提供可用于比较目的的基准措施。例如，某个州有特定标准定义用水临界区和用水紧张区，划分人均用水量，或者确定系统的老化程度。系统应尝试采用普遍接受的措施来对重要情况进行比较。

工作表的最后一部分描述水系统及其当前节水活动和计划项目。

3. 进行需求量预测

> 预测选定时间段预期需水量。在实际操作中，规划者应根据用水类型考虑需求变化，并进行"如果—怎样"（敏感度）分析。

预测用水量（或需求量）可采用基于预期人口增长的简单预测或复杂模型。预测时可将供水系统看作一个整体；然而，划分用水类型则可做出更加准确的预测。

进行 5 年期和 10 年期预测。也可采用其他时间点。规划期越长,预测不确定性越大。应定期回顾和更新预测。

需求预测应确认已实施节水措施的效果。然而,出于本节水规划的目的,不应包括规划设定措施的预期需求量结果。

如果供水系统服务人口数量的年增长速度小于 2%(或州另行规定的人口增长基准),则规划中此部分是可选项。此外,如果在建议的时间框架内已经为系统进行了预测,则系统不必再为本规划另做预测。管理者只需将预测结果纳入规划。

工作表 2 提供了基于人口的简易需水量预测方法。这种方法适用于服务人口变化较小(如仅服务于独栋住宅消费者或类似住房系统)和用水特征稳定的系统。该方法计算人均用水量,并将结果乘以预计人口水平。将预计用水量与系统容量进行比较,以计算预期余水量或缺水量。如对可能影响需求量的已知和可测量因素的预测进行调整,应予以解释。工作表 2 还提供了一种日均需水量和最大日需水量的估算方法。

工作表 2　需水量预测[a]

序号	项目	现状年	5 年期预测	10 年期预测
A	年需水总量			
1	现状年需水总量(来自工作表 1)[a]			
2	目前服务人口[b]			
3	人均需水总量(第 1 行除以第 2 行)[b]			
4	预计人口[b]			

续工作表 2

序号	项目	本年度	5 年期预测	10 年期预测
5	预计年需水总量(第 3 行乘以第 4 行)			
6	预测调整(+或−)[c]			
7	调整后之年需水总量(第 5 行+第 6 行)			
8	现状年需水量(第 1 行)和调整后之年需水总量预测(第 7 行为预测年度)			
9	现状年和预计年供水能力(来自工作表 1)[d]			
10	年总需水量与年总供水能力之差(+或−)(第 9 行减第 8 行)			
B	日均和最大日需水量			
11	现状和预测日均需水量(第 8 行除以 365)			
12	现状最大日需水量(来自工作表 1)			
13	最大日需水量与日均需水量之比(第 12 行除以第 11 行)			
14	预计最大日需水量(所有预测年第 13 行乘以第 11 行为所有预测年度水平)			
15	最大日需水量预测调整[c]			
16	现状(第 12 行)和调整后之最大日需水量预测(第 14 行和第 15 行相加)			
17	日供水能力(第 9 行除以 365)			
18	最大日需水量与日供水能力之比(第 16 行除以第 17 行)			

注:[a]如果非账户用水数额较大(比如超过总产水的 10%),则应对用水大户以及非账户用水(即不向消费者收费的水资源)进行单独预测。

[b]管理者可以采用连通量来取代人口,采用按连通量规划的用水量来取代人均用水量。

[c]请解释您的预测调整(第 6 行和第 15 行),包括对已安装的节水措施和费率变化的影响。

[d]计算供应能力应考虑到可用供应量(许可权)、处理能力或分配系统能力,并反映系统的实际总供应能力,包括购买的水资源。

另一种计算人均用水量的方法是按连通数(或按家庭)计算用水量(管理者常按每户人数的中位数进行转换)。为了进行预测,将每个连通的用水量乘以当前和预计的连通数(如居民户数)。根据土地利用规划数据和建筑估算数据更易于进行户数预测。

应谨慎采用按人均或按连通数的预测方法,特别是在服务人口发生变化的情况下。应单独预测大用水户(如大型工业工厂)。当相对较小规模公用事业服务的大用水户开启、变更或停用时,会对该公用事业的整个运作产生影响。工业部门预计需水量可咨询工厂管理人员。

按人均或按连通数的预测方法有其局限性。此种方法假设用水量本质上是人口或连通数变化的函数,用水模式不随时间变化。例如,预计客户不安装节水器具,不会对未来的费率变化做出响应。出于这个原因,管理者应对可能影响需水量水平或模式的因素进行简要评估,并将其纳入服务范畴。

4.选择节水措施

鉴别已实施、规划或未规划的节水措施。说明建议的节水措施未纳入供水系统规划的原因。对于所选择的每项措施,估算实施总成本(美元)和预期的节水量(体积),并评估该措施的成本效益。

节水措施

供水系统有许多具体的节水措施可供选择。这些措施包括供给侧和需求侧两方面管理的节水技术,从相对简单的知识普及工具到先进的高效用水技术。采用哪项特定措施取决于其是否符合成本效益和其他规划标准,以及是否符合

适用的法律和规章,包括州和地方管道敷设规范。

综述中,表2-3中确定的节水措施分为三级,每级包括四类措施。在每一类别中确定具体的节水措施。每一级所包括具体措施的数量,从基础指南到中级指南以及从中级指南到高级指南逐渐增加。换言之,措施数量是累积的。附录A提供有关节水措施的附加资料及一些工作表。

不论其规模或运行条件如何,所有的供水系统都应考虑一级措施的非常基本和广泛接受的做法。二级措施和三级措施一般被认为适用于有重大节水需要和效益的供水系统。鼓励管理者探索所有可能的节水措施。很多实践表明,扩展节水计划,使之超出最低要求的措施方案集范围,将会有所裨益。

措施审查

工作表3-4列出了建议考虑措施的最低清单。系统应该使用该清单来检查和汇总目前正在实施、规划或未规划的措施。管理者还可以在制定节水规划时,确定额外的措施和做法。

应该根据这些措施能在多大程度上帮助系统实现节水、项目成本和其他对供水系统有显著影响的因素来选择措施。规划文本应讨论节水措施选择标准,并对实际实施的规划措施的效果进行汇总。

选择过程的第一步是确定节水措施评估标准。措施的成本效益是一个标准,但还应考虑其他因素。管理人员可以自由地考虑他们认为合适的选择标准,但应在节水规划中解释标准的相关性。选择实施节水措施的可采用的标准包括：

□方案成本　　　　　　□环保和社会公正

□成本效益　　　　　　□水权和许可

□易于实施　　　　　　□法律问题或限制

□预算上的考虑　　　　□监管部门批准

□人力资源和能力　　　□公众接受性

□环境影响　　　　　　□节水时效性

□税人的影响　　　　　□与其他规划的一致性

对于每个选择标准,管理者应确定该因素是否、如何以及为何影响实施某个或多个节水措施的可行性。有些因素可能比其他因素更为重要。规划人员还应牢记,可采用技术手段减轻不利影响并提高措施的接受度。如果未审慎考虑如何克服实施障碍,就不能摒弃成本有效的节水措施。

预算

为每项节水措施制定预算是规划过程中不可忽视的一部分。也可使用简化的成本效益分析,按照节约水量的费用(美元/gal)来比较替代节水措施。例如,一项措施可能会以0.25美元/1 000 gal 的费率节水,而另一项节水成本为0.50美元/1 000 gal。

应为每个规划的节水措施填写工作表 3。在某些情况下,管理者可能希望根据其设想的节水结合采用各项节水措施。所有预期可产生确定节水量的相互关联措施应合并作为一项措施看待,避免在分析中重复计算规划节水量。

工作表 3 每项节水措施的预算和节水量

说明规划的节水措施：

该措施的典型节水量： 规划安装数量： 该措施的预期有效期：	_____ 每 _____ _____ _____ 年
该措施旨在减少：	□平均日需求 □最大日需求 □平均和最大日需求

行	项目	金额	金额
A	每项措施的预算[a]	单价[b]	措施的总成本
1	材料	$	$
2	人工		
3	回扣及其他支付		
4	营销和广告		
5	管理		
6	咨询或承包		
7	其他		
8	措施有效期内总规划成本(1~7行相加)[c]		$
B	总节水量		
9	安装单位数量[d]		
10	每单位预计年节水量,以 gal 计[e]		
11	该措施年总节水量,以 gal 计(第9行乘以第10行)		
12	该措施预期有效期,以年计		
13	该措施有效期内总节水量(第11行乘以第12行)		
14	每加仑节水成本(第8行除以第13行)		$/加仑

注:【a】应对每项节水措施进行单独分析,但如果共同产生节水量,则可以合并措施。

【b】单位的举例:厕所、更新配套、水平衡测试等。按单位估算可能不适合每项措施,此情况下,可采用计划节水总量和该措施成本。

【c】包括措施有效期内的所有经常性运营和维护成本。

【d】单位可以是单个产品单位(如厕所)或产品组件(如家庭改装),只要分析是一致的。如果单位值不适用,请留空。

【e】例如,每个改造项目的节水量。有关基准和样本计算,参见附录 B。如果单位值不适用,请留空。

工作表 3 开头是对措施的开放式说明。要指明该措施的预期有效期。管理者还应指出,该措施的目标是减少平均日需求、最大日需求还是两者皆可。工作表 3 提供了一种汇总实施该措施所需总预算的方法,应包括与实施有关的所有成本。管理者应尽可能确定潜在供应商的合理成本估算,应分析工作表中所示的几种不同类型的成本。在估算成本时,应该考虑切实可行的实施进度。在规划中应讨论任何影响实施建议措施的进度或成本的特殊情况。

工作表 3 还包括采取这些措施可获得的年节水量和有效期内节水总量的估算方法。对于每一项措施,应提供预期节水量计算方法。例如,人均日节水量换算为年度节水量的公式。在某些情况下(例如漏损控制计划),无法估算单位节水量,此时只需要估算整个措施的年总节水量。可通过单位节水量成本比较节水措施,并与供给侧方案进行对比。

如果系统选择不实施任何最低限度措施,则应在规划中做出完整说明。如果估计成本和效益是拒绝采取措施的原因,应进行成本分析,可以基于实施成本与系统年平均生产成本(或收益要求)进行比较。规划人员可以参考中级指南,了解有关收益成本和成本有效效分析的更多信息。

影响供水系统需求侧的节水措施具有减少销售水的效果,而公用事业收入通常是销售水量和费率(每单位售水量)的函数。由于充足的收入在确保供供水系统能力方面起着重要作用,管理者应考虑节水对收入的影响。节水规划应简要说明规划的节水措施将如何影响水公用事业收入(基于销售额的减少),并论述解决这些收入影响的对策。

概要

规划应概括并说明规划实施的节水措施的范围和预期效益,包括对规划的固定资本项目的影响(如适用)。规划的实施措施可包括2级和3级措施。该规划应讨论节水是否有助于避免、缩减或延缓资本支出。中级指南也就此问题提供了一些指导。

工作表4中总结了选择措施的过程。对于每个建议的措施,管理者应说明是否选择了该措施加以实施。管理者还应确认选择或拒绝该措施的主要原因。应注意在实施所选措施之前所需的特殊条件或行动(例如监管机构的批准)。在某些情况下,管理者可能会决定:由于短期内条件限制,因此无法实施某个(或某些)措施。对于一旦限制得以解除则可规划在未来加以实施的节水措施,应在规划中进行论述。

工作表4　节水措施选择

序号	措施	已经实施☑	规划实施☑	选择或拒绝实施节水措施的主要标准[a]
通用计量[B]				
1	源水计量			
2	服务联通计量			
3	公共用水计量			
水量核算与漏损控制[A]				
4	水量核算			
5	修复已知漏失			
成本及定价[B]				
6	服务成本核算			
7	用户费用			
8	计量水费			

续工作表 4

序号	措施	已经实施☑	规划实施☑	选择或拒绝实施节水措施的主要标准[a]
信息及知识普及[B]				
9	明晰易懂的水费单			
10	获得信息			
其他措施[b]				
11				
12				
13				
14				
15				
16				
17				
18				
19				
20				

注:【a】此处可用于说明与该措施有关的特殊问题,包括阻止进一步考虑使用该措施的法律障碍。

【b】有关节水措施的更多信息,参见附录 A。

【A】=影响平均日需求的措施。

【P】=影响最大日需求(峰值)的措施。

【B】=影响平均和峰值需求的措施。

5. 当前的实施战略

提出实施和评估节水措施和节水规划其他要素的对策和时间表。

这是节水规划过程的最后一步,供水系统明确其实施对策和时间表。然而,可以强调的是,节水规划需要水公用事业管理者不断努力。持续的规划和实施将齐头并进。

在实施战略中,管理者应记录可能影响或阻止实施具体

措施的任何具体因素或突发事件。例如,如果在获得特别许可或其他授权之前无法实施某项措施,则应注意这一事实,并说明获得必要授权的对策。有些措施可能需要数年实施行动(以便维持节水量)。规划应提供详细资料,以了解公用事业实施此类措施的对策。

工作表5是一个简易模板,用以汇总结节水规划中供水系统实施措施和评估策略。公众参与规划应论述供水系统如何以及何时打算让社区成员参与节水规划的制定和实施。供水系统要与社区小组定期交流(会议和邮件),以使他们了解系统在实现目标方面的进展。

监测和评价规划应针对数据收集、建模和其他相关议题,这些议题对追踪节水随时间推移对需求产生的影响至关重要。出于监测目的以及满足未来预测要求,系统要收集各种新数据。例如,许多系统会发现,需要收集分客户类型的更为详细的需水数据,包括平均和最大日需求的更多细节。此外还需要更多详细数据评估未核算用水动态。

更新和修订规划将有助于保持系统节水规划与时俱进,并能考虑系统节水的实际进展。随着获取新的数据,更新需水和供水能力预测尤为重要。某些情况下,系统可能希望修改或扩展其规划目标。许多系统每五年更新一次规划。但是,条件或其他关切问题发生变化可能会导致更为频繁的规划更新。州或地方对供水系统节水规划的要求会影响到规划更新和修订的时间表。

节水规划文本还应包括供水系统管理机构(如董事会或市议会)酌情采用该规划的记录。

工作表 5　实施对策

A. 公众参与
说明公众参与规划:
B. 监测和评估
说明监测和评估规划:
说明需水数据收集规划:
C. 规划更新
说明更新和修订规划:
D. 规划的采纳
规划完成日期:
规划批准日期:
批准单位:
签名:

(四) 节水措施

本节是美国国家环境保护署节水规划编制指南的附件,阐述了具体的节水措施,为水公用事业部门设计节水项目提供参考。作为节水规划的一部分,规划者应根据供水系统适用的指南,全面考虑基础、中级和高级指南包含的所有节水措施。

节水措施分为三类:一级措施、二级措施和三级措施。

每一类又细分为四个子类,涵盖各种具体节水措施:

·一级措施

〇通用计量

〇水资源核算与损失控制

〇成本与定价

〇信息与培训

·二级措施

〇用水审计

〇改造升级

〇水压管理

〇景观效率

·三级措施

〇替代与推广

〇循环与回用

〇用水规章

〇资源综合管理

基于节水措施划分体系,可根据供水系统的规模和能力采用不同节水措施。强烈建议,供水系统应探索所有切实可行的节水措施,不要拘泥于指南所规定的最低节水措施要求。许多中小型公用事业部门已成功实施了一系列有益的节水项目。

下面是对 12 个子类节水措施的描述。指南还包含一个目录,规划者可用以查找具体措施。应根据实际承载量和需要解决的问题尽可能多地考虑切实可行的措施。在某些情况下,也可以考虑选择实施超越最低限度建议的措施。

尽管本文所列的节水措施比较新且比较全面,但是规划者不要拘泥于这些措施,也应考虑新技术和新方法。每类措施后面的字母表示该类措施是能够有效降低平均日需求量(A)、最大日或峰值需求量(P)还是两者兼有(B)。附件最后附有一些节水措施的工作表。

一级措施

通用计量[B]

措施	高级指南		
	中级指南		
	基础指南		
通用计量[B]	○水源水计量 ○服务连通计量与读表 ○计量公共用水	○定期抄表 ○水表精度分析	○水表测试、校准、维修和更换

计量是供水系统管理和节水的基本工具。系统可以采用工作表 A-1 对评价计量工作。

源水计量。供水方和用户都能够从计量中受益。源水计量是水核算的重要环节。

服务连通计量。需要有服务连通计量设施以告知用户用了多少水;供水部门可以根据计量数据更精确地跟踪用水情况,向用户收取水费。

公共用水计量。应该对所有免费使用的公共用水进行计量并按时抄表。公用事业部门可据此更精确地核算水量。缺乏计量会影响损失控制、成本核算与定价及其他节水措施。

定期抄表。定期抄表对确定非创收产水非常重要。应在同一相对时间对源水计量表和服务连通计量表进行抄表,

便于精确比较分析。抄表应在固定时间进行,最好一个月或两个月一次。应按照州和地方法规计收水费。

水表精度。水表会损坏、老化,影响精度。错误的水表数据导致用水信息不准确,漏水检测困难,造成供水系统收入损失。所有水表,尤其是老旧水表,都应定期进行精度测试。系统还应确保水表的型号合适。如果水表的型号与用户的用水量不匹配,会造成用水记录误差。

水表测试、校准、维修和更换。确定了计量系统精度后,公用事业部门应准备一份工作计划表,及时维修水表。定期校准水表,确保准确核算水量和收费。

水量核算与损失控制[A]

措施	高级指南		
	中级指南		
	基础指南		
水量核算与损失控制[A]	○水量账户 ○已知漏水故障维修	○分析无记账水量 ○供水系统审计 ○漏水检测与维修措施 ○自动传感器/遥感技术	○损失预防计划

很多节水方面的工作应从供给侧着手。供水系统将受益于水量核算体系,跟踪整个供水系统,确定需要注意之处,尤其是大量的无记账水量。无记账水量包括计量但未收费的水和所有未计量的水。未计量的水可能是批准的公用事业用水(如运营与维护)和某项公共用水(如消防用水),还可能包括未经批准的用水,如核算错误导致的水损失、配水系

统控制故障、偷水、不准确的水表或漏水。一些未计量的水可以识别。如果不能识别，就构成了未预见水。

实施水量核算制度是制定损失控制对策的第一步。水量核算制度见图 A-1。从总产水量跟踪开始，到未预见用水结束。工作表 A-2（在图 A-1 之后）和工作表 A-3 有助于制定供水系统水量核算和损失控制对策。

水账户。所有供水系统，即使是较小系统，都应实施基本的水核算制度（见工作表 A-3）。核算工作为制定损失控制对策奠定了基础。

维修已知漏水故障。漏水成本可以根据与供水、水处理和输水相关的运营成本进行计算；损失的水量不会为公用事业带来收入。维修大型漏水故障成本很高，但从长远来看，会带来可观的节水效益。

如果供水系统缺乏源水和连通计量，水核算结果就不够准确，没有效用。尽管供水系统应制定源水计量计划，但未计量的源水可以根据电表读数通过泵送率乘以运行时间进行估算。

无记账水量分析。应对无记账用水进行分析，寻求潜在的创收机会，弥补漏损。一些公用事业部门可能会考虑除公共用水外先行收费，或加紧努力减少非法连通和其他形式的偷水行为。

供水系统审计。供水系统审计可以为无记账水的更精确分析提供信息。

漏水检测与维修措施。供水系统应制定全面的漏水检测与维修对策。包括使用计算机辅助检漏设备、声波测漏或

其他认可的方式对配水干线、阀门、服务点和仪表等定期进行现场检测。可以派潜水员对储水罐内部进行检查和清理。

自动传感器/遥测。供水系统还可考虑使用遥感技术对水源、传输和配送设施进行不间断监测和分析。遥感和监测软件可以提醒操作员注意漏水、水压波动、设备完备性等问题。

损失预防计划。包括管道检查、清洗、衬里等维护工作，以改善配水系统，防止发生泄漏和管道破裂。公用事业部门也可以根据其他适用标准，考虑采用最大限度减少供水系统常规维护用水的方法。

成本核算与定价[B]

措施	高级指南		
	中级指南		
	基础指南		
成本核算与定价[B]	○服务成本核算 ○用户付费 ○计量费率	○成本分析 ○非促销费率	○先进定价方法

成本核算与定价属于节水措施，因为它们涉及认识水的真正价值并通过价格将价值信息传达给用户。用户付费是节水措施的必要(但并不总是充分)条件。如何核算成本和设计水费，有许多信息可供参考。

服务成本核算。供水系统应使用普遍接受的方法进行服务成本核算。有很多可供参考的信息。理解和跟踪供水系统成本对小型系统来说也是一项能力建设的措施。

用户付费。成本一旦确定,供水系统就可以制定更加精确的用户收费标准(或费率结构)。

计量费率。应采用计量费率,使用户水费和用水量相匹配。对于许多供水系统来说,水费调整需要获得监管部门批准。供水系统应就成本和基于成本的定价与监管部门进行沟通。

成本分析。供水系统应进行成本分析,了解哪类用水是成本的驱动因素。例如,按照季节和服务类别对用水模式进行分析。

非促销费率。供水系统要考虑目前采用的费率结构是否有利于节水;必要时采用非促销费率,通过费率传达节水信号。

通过费率促进节水需要考虑几个问题:固定费率和可变费率的分配、用水阶梯和分界点、最低收费、最低收费情况下是否供水、季节性定价方案、按用户类型定价。

还要考虑引入新费率结构对收益产生的影响,参见工作表 A-4。节水导向定价要求规划者对需水弹性(即用水量对价格变化的响应)做出一定假设(基于现有的经验证据)。弹性表示为需水量百分变化率与价格百分变化率的比例。费率结构调整的目的是降低需水量,回收供水系统成本。在进行成本分配时,应考虑费率结构对特定用户群体需求和收入的影响。

高级定价方法。高级定价方法一般是指按照用户群体和/或用水类型进行成本分配。高级定价方法根据对系统峰值的不同影响考虑季节性变化及其他室内和室外用水。考

虑不同用水类型弹性因素可以强化费率结构的节水导向。
还可采用边际成本定价法,考虑相对于下一增量供水成本的
水价值。也可以采用特别费率规定(如成本回收或损益机
制)。可通过追加调整费率结构解决潜在的收益不稳定性问
题(如收益调整机制)。

显然,定价对策必须与供水系统整体目标相一致,并需
获得监管部门批准。

信息与培训[B]

措施	高级指南		
	中级指南		
	基础指南		
信息与培训[B]	○容易理解的水费账单 ○信息的可获取性	○足够的水费信息 水费小贴士 ○学校项目 ○公共培训项目	○培训研讨会 ○咨询委员会

信息和培训对节水项目能否取得成功至关重要。信息
和培训措施可以通过改变用户的用水习惯直接产生节水效
益。节水效益很难计算。而且,与其他更为直接的方法相比
(如漏水维修改造),只进行公共培训不会产生持续的等量节
水量。

但是,培训措施可以提高其他节水措施的有效性。例
如,用户对水价调整的反应的信息得到普遍认可。知情并参
与的用户更容易支持供水系统节水规划目标。可利用工作
表 A-5 评价供水系统的信息和培训项目。

容易理解的水费账单。用户应能够阅读和理解他们的

水费账单。一份容易理解的水费账单应包括用水量、费率、收费和其他相关信息。

信息的可获取性。用户可以索取供水系统资料册。公共信息和培训是节水规划的一项重要内容。如果能够提供准确信息，用户通常愿意参与完善的水管理实践。而且，提供信息和公众教育能够为公用事业节水工作赢得公众支持。通过实施信息和培训项目，向用户展示饮用水供应的全部成本，说明节水实践是如何为他们带来长远效益的。

足够的水费信息。一份包含足够信息的水费账单不仅限于根据用量和费率记账的基本信息。通过与以往账单对比及节水提示，有助于用户知情并做出选择。

水费小贴士。可在用户水费账单中插页，提供用水和成本信息。插页还可用于传播家庭节水小窍门。

学校项目。可以通过多种多样的学校项目宣传节水信息，鼓励节水实践。与学校建立联系有助于在年轻人中交流水价值和节水技术知识，同时有助于与家长沟通。

公共培训项目。公用事业部门可以采取不同方式宣传节水，开展公众教育。宣传方法包括宣讲、开展公共活动、印刷品和声像制品、民间组织合作等。

培训研讨会。公用事业部门可以举办业界培训研讨会，邀请可以为节水做出贡献的人士参加，如水暖工、卫生洁具供应商、建筑开发商或景观灌溉服务供应商等。

咨询委员会。成立节水咨询委员会，让公众参与节水过程；委员会成员可以是民选官员、当地商人、感兴趣的市民、机构代表、有关地方团体代表等。委员会可以向公用事业部

门反馈对节水规划的意见,准备公众信息材料和提议,为节水提供社区支持。当然,公用事业部门要善于听取委员会的意见。

二级措施

用水审计[B]

措施	高级指南		
	中级指南		
	基础指南		
用水审计[B]		○大用水户审计 ○大景观审计	○选择性终端用户审计

用水审计和终端用户审计为供水系统及其用户提供宝贵信息,水是怎样使用的,如何通过具体节水措施减少用水量。

大用水户审计。公用事业部门可以推动工商业大用水户的用水审计。用水审计应从确定大用水户的用水类型着手,如工艺、环卫、生活、供热、冷却、室外用水,等等。其次,用水审计还应分析替代技术或实践可以提高综合用水效率的方面。

大景观审计。对室外和室内用水过程进行审计,为商业、工业、公共大用水户提供用水和减少用水量技术的信息。这些审计可以与灌溉分表计量和其他绿化效率实践结合进行。

选择性终端用户审计。用水审计可以拓展至不同用户类型的可选择终端用户,重点放在每种用户类型中的典型用水实践。可选择有特殊需求或节水效益显著的目标用户群体,制订用水审计计划。例如,针对老旧住房进行用水审计特别有助于确定维修管道漏水故障。

终端用户审计可以根据用户群体的用水实践进行设计。例如,住宅用水审计侧重卫生洁具、草坪、花园的用水实践以及用户的行为方式。可借助住宅用水审计进行即时修复和改造。工作表 A–6 汇总了住宅用水审计的主要内容。所有用水审计都应向客户提交包含具体节水建议的书面报告。可以与电力公司或其他有志于促进节水的组织协力制订计划,开展用水审计。

改造升级[A]

措施	高级指南		
	中级指南		
	基础指南		
改造升级[A]		○现有设备改造升级	○改造升级设备的配发 ○目标项目

供水系统可以通过改造升级项目推广节水。改造升级包括对现有固定设备器具进行改造升级(而非更换),提高用水效率。改造升级项目通常针对卫生洁具。

现有设备改造升级。基本的设备改造升级包括低流量水龙头曝气器、低流量喷头、检漏片、更换挡板阀等。设备改造升级可以免费,或按成本价收费。

为计算改造升级的节水量,规划者需对用水和节水量做出一些假设,其中包括[1]:

·厕所(每人每天冲水 4~6 次)

·淋浴喷头(每人每天使用淋浴喷头的时间为 5 ~ 15 min)

·浴室水龙头(每人每天使用水龙头的时间为 0.5 ~ 3 min)

·厨房水龙头(每人每天使用水龙头的时间为 0.5 ~ 5 min)

有许多有用的课本和手册可以帮助规划者估算典型用水和潜在的改造升级节水量(见附件 B 和 D)。

改造升级设备的配发。供水系统可直接或通过社区组织主动配发改造升级设备,也可以和审计项目一起配发。

目标项目。公用事业部门可针对不同类型用户(住宅、商业、工业、公共建筑等)制定目标计划。工业用房改造升级包括公共和员工配套设施以及生产设施。低收入群体住宅的节水效果显著,由于老旧房屋的卫生洁具效率低下。还可以与社区组织一起设计目标项目。有效的升级改造项目可以作为住宅用水审计项目的一部分。重要的是,规划者要确保升级改造项目符合当地的管道工程条例和规定。

---

[1]Duane D. Baumann, John J. Boland, 和 W. Michael Hanemann,城市水资源需求管理和规划(纽约:McGraw Hill,1998):254。

水压管理［A］

措施	高级指南		
		中级指南	
	基础指南		
水压管理［A］		○ 全系统水压管理	○ 选择、利用减压阀

降低配水系统的过大压力，节水效果显著。降低水压可以减少漏水量、开放式水龙头流量以及可能漏水的管道和接头处的水压。较低的水压还可以减缓系统退化，减少维修需求，延长设备使用寿命。而且，较低的水压有助于减轻终端用水设备和器具的磨损。

全系统水压管理。在住宅区，若水压超过 80 psi[1]，就应进行评估并减压。水压管理和减压措施必须符合州和当地法规和标准，同时考虑系统状况和需求。显然减压不能有损供水系统完整性或降低用户服务质量。

减压阀。更积极主动的办法是购买并在街道主管道和个别建筑物安装减压阀。公用事业部门也可以在水表处安装供水限流器。限流器型号要与服务范围、系统压力和位置高程相匹配。针对用户水压问题，公用事业部门可提供技术支持，安装减压阀，降低水压。这一点特别有益于大用水户。

---

[1] psi 意为磅力/平方英寸，是美国常用压强单位，1 psi＝6.895 kPa。

景观效率[P]

措施	高级指南		
		中级指南	
	基础指南		
景观效率[P]		○ 提 高 景 观 效率 ○ 选用灌溉分 水表	○ 景 观 规 划 与 更新 ○灌溉管理

因室外用水增加可导致形成最大日需水量,转而引发输水和水处理设施需求。因此,降低室外用水量是非常有效的节水措施。可以通过采用效率型景观美化原则降低室外用水量。

提高景观效率。公共事业部门可以将制定节水原则纳入新景观项目的规划、开发和管理中,如公园、建筑场地和高尔夫球场。还可以针对住宅用户和非住宅用户,尤其是拥有大型物业的用户推广低用水景观美化。公用事业部门可与当地苗圃合作,确保供应节水型植物。

供水系统可以推广 XeriscapingTM(节水型园艺),作为一种效率型景观美化方法,包含七项基本原则:

□规划与设计
□限制草坪面积
□高效灌溉
□土壤改良
□覆盖
□栽植低需水植物
□适当维护

选用灌溉分水表。选用灌溉分水表可以改善灌溉管理,进行灌溉定价。

景观规划与改造。在改造现有景观时纳入好的节水实践。例如,公园管理融合节水型景观设计,减少或取消灌溉。公用事业部门可以与工商业用户合作,参考相关节水实践,规划和改造景观。

灌溉管理。推动大用水户安装计量、计时、水传感器等设施,改善灌溉管理系统。

三级措施

替代与推广[B]

措施	高级指南		
	中级指南		
	基础指南		
替代与推广[B]			○折扣与奖励[非住宅] ○折扣与奖励[住宅] ○新技术推广

折扣与奖励。为加快老旧设备更换,公用事业部门可以提供折扣和其他奖励。通过免费提供设备,用户以折扣价格购买设备,或安排供应商低价出售设备等方式,安装节水型设备。公用事业部门可针对住宅和非住宅行业、室内和室外用水分别设计折扣奖励方案。

设备更换的可行性和有效性取决于州和地方管道工程规定。加快编制更换方案,外加高效的标准,可以产生可观的节水效益。

新技术推广。公用事业部门还可参与设备器具厂家和

经销商开展的新技术推广活动。通过示范和试点项目或竞赛,介绍和推广新产品(例如高效洗衣机)。

循环利用[B]

措施	高级指南		
	中级指南		
	基础指南		
循环利用[B]			○工业利用 ○灌溉大用水户利用 ○选择性住宅利用

工业利用。"灰水"(经处理的废水)可以作为替代水源,用作非饮用水。水循环利用降低了供水系统的生产需求。水公用事业部门应与非住宅用户共同确认潜在的循环利用领域。某些工业部门可以通过生产过程中水回用(或多用)大幅度降低用水需求。再生废水可以用于某些工业、农业、地下水补给或直接回用。

灌溉大用水户利用。鼓励灌溉大用水户循环利用。

选择性住宅利用。在一些地区,循环水也可以用作住宅用水。需要查阅当地管道工程条例规定的限制条件。

用水规章[B]

措施	高级指南		
	中级指南		
	基础指南		
用水规章[B]			○用水标准和规定 ○对新开发项目的要求

用水标准和规定。在干旱或其他供水应急期,用水管理

规定应能正常发挥用水管理的作用。在某些情况下,公用事业部门希望扩展用水管理规定应用范围,推广非应急期节水。用水管理规定举例如下:

☐限制非必需用水,包括草坪灌溉、洗车、泳池用水、清洗人行道、高尔夫球场灌溉。

☐限制商业洗车、育苗圃、酒店、餐馆。

☐设备和器具用水标准(列于本附件末尾,同时列出联邦效率标准)。

☐禁止或限制直流冷却。

☐禁止非再循环水洗车、洗衣、装饰喷泉。

☐禁止某种类型用水或某种用水实践。

对新开发项目的要求。另一类规定是在景观美化、排水、灌溉等方面,对新开发项目实行强制标准。

包括私有供水系统在内的许多供水系统都缺乏实施此措施的权威性。但得到授权的供水系统必须审慎行使权力。总之,限制用水规定应与系统条件相适应,不得侵犯用户权利或影响服务质量。

资源综合管理[B]

措施	◄──────────── 高级指南 ──────────►		
	◄──────── 中级指南 ────────►		
	◄─── 基础指南 ───►		
资源综合管理 [B]			○供给侧技术 ○需求侧技术

供给侧技术。资源综合管理的理念是水往往与其他资源联合利用。遵循高级指南的供水系统有机会考虑并实施

达致资源综合管理的各项措施,实现节水的同时节约其他资源。在供给侧方面,公用事业部门可以进行操作实践(包括各种自动化方法、库存的战略使用和其他实践),实现节能、节药和节水目标。实施包括土地利用管理在内的源水保护措施,保育水资源,避免昂贵的新增供水。供水和废水公用事业部门可以联合规划实施节水项目,实现节水,效益共享。

需求侧技术。在需求侧方面也可以采用综合方法。水和能源公用事业部门可以开展全面的终端利用审计,共同推进终端用户的节约保育工作。大用户可以与公用事业部门合作,调整生产工艺流程,降低水和能源用量,减少废水排放,同时节约其他资源。逿供水公用事业部门可以与批发用户合作设计节水项目,互利互惠。

工作表 A-1 计量

A. 基础指南

源水计量		
源水取水计量比例		
连通计量		
分用户类型连通计量比例	室外水表的比例	
住宅	%	%
工业	%	%
商业	%	%
公共	%	%
其他	%	%
所需水表数量	每只表估计成本	估计总成本
住宅		
工业		
商业		
公共		
其他		

续工作表 A-1

B. 中级指南［基础指南指标加以下指标］

抄表频率		收费频率	每年预计收费
住宅			
工业			
商业			
公共			
其他			
对获批的未记账用水进行计量了吗？			
源水水表测试安排：			
连通处水表测试安排：			
水表的型号合适吗？			

C. 高级指南［基础指南和中级指南加以下指标］

描述供水系统水表测试、校准、维修、更换计划（包括时间安排）：

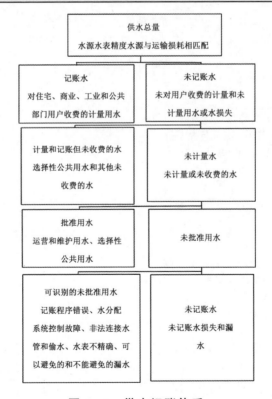

图 A-1　供水记账体系

工作表 A-2   水记账和损失控制

行	项目	水量/gal		占第一行总量百分比
1	**源水取水和购买总量**			100%
2	源水供水调整[a]			
2A	源水水表误差调整(+或-)			
2B	水库或储水池蓄水量变化调整(+或-)			
2C	输水线路损失调整 (-)[a]			
2D	其他水源贡献或损失调整(+或-)[a]			
3	源水总调整量(2A行到2D行相加)			
4	**调整后源水量(1行减3行)**			%
5	计量售水量			
5A	住宅计量售水量			
5B	商业计量售水量			
5C	工业计量售水量			
5D	公共计量售水量			
5E	其他计量售水量			
6	计量售水总量(5A行到5D行相加)			
7	抄表滞后时间调整(+或-)			
8	水表误差调整(+或-)[a]			
9	水表总销售量调整(6项到8项相加)			
10	**未记账水量(4行减9行)**			%
11	**计量和记账但未收费水量**			
11A	计量但未收费的公共用水			
11B	其他计量但未收费的用水			
12	批准的未计量用水:运行和维护			
12A	主管冲洗			
12B	处理厂工艺用水			
12C	水质和其他检测			
13	**批准的未计量用水:公共用水**			
13A	雨水沟冲洗			
13B	下水道清洗			
13C	街道清洗			
13D	大型公共场所景观美化			
13E	消防、培训及相关维护			
14	**其他批准的未计量用水**			

续工作表 A-2

行	项目	体积/gal	百分比
14A	游泳池		
14B	建筑工地		
14C	其他未计量用水		
15	批准的未计量用水总量(11A 行到 14C 行相加)		
16	**未批准的损失总量(10 行减 15 行)**		%
17	可识别水损失和漏水		
17A	记账程序误差[a]		
17B	配水系统控制故障		
17C	非法连通和偷水		
17D	水表不准确		
17E	不可避免的漏水		
17F	可避免的漏水		
18	可识别水损失和漏水总量(17A 行到 17F 行相加)		
19	未记账水量(16 行减 18 行)		%

注:[a] 采用遵从行业和监管标准的方法。

工作表 A-3　减少水量损失的措施

A 输水损失

描述减少水输水线路损失的措施:_____

年节水量估算:

B 未记账水量

描述减少批准但未计量用水的措施:_____

年节水量估算:

续工作表 A-3

C 损失和漏水
描述减少可识别漏水的措施：_____
年节水量估算：_____
D 未记账用水
描述减少未记账用水的措施：_____
年节水量估算：_____

工作表 A-4　水费变化影响评估

行	项目	数值
1	当前价格(每加仑)	美元
2	当前可创收水量加仑数(或立方英尺)	gal
3	当前年度收入(第1行乘以第2行)	美元
4	节水目标(用水量减少)	gal
5	节水目标占当前可创收水量加仑数的百分比(4行除以2行)	%
6	需求价格弹性估算(如果适当的话,分用户类型或用水类型)	%
7	诱导节水所需价格调整比例(第5行除以第6行)	%
8	计算调整后的价格水平[第1行乘以(第7行加1.00)]	美元
9	调整后年用水量(第1行减第4行)	gal
10	调整后收入(第8行乘以第9行)	美元
11	年度固定成本	美元
12	用水调整后的年度可变成本	美元
13	调整后收入需求	美元
14	净收入效应(第10行减第13行)	美元

注:在可行范围内,每个用户填一张表。

工作表 A-5 信息和培训检查表

基础指南	
容易理解的水费账单	
容易理解的费率和用水量信息	
信息的可获取性	
基本家庭节水实践宣传册	
管道改造更换宣传册	
夏季草坪浇灌和节水型景观美化宣传册	
中级指南［基础指南的项目加以下项目］	
包含足够信息的水费账单	
与以往用水相比(上月、上年度同期等)	
标记异常高用水量并通知用户	
分用户类型制作信息	
水费小贴士	
水成本和价值的信息	
基本的节水提示	
节水活动信息	
学校活动	
课堂访问	
散发课程材料,如工作表和填色本	
播放短片或幻灯片	
供水系统设施实地考察	
海报竞赛奖励、提议等	
公众教育活动	
新闻发布、公共空间广告展示、公共服务通告(各种媒体)	
节水信息中心和移动信息亭	
社区组织宣讲、宣传片、幻灯片等	
协调民间组织和专业机构资源	
特定活动,如节水产品交易会	
在家展会、园林展会、市场、图书馆、市政厅等处展示	
与管道零售商合作,推广节水	
节水企业和行业认证	
高级指南［基础指南和中级指南的项目加以下项目］	
交流研讨会	
水暖工、管道设备供应商、建筑开发商交流研讨	
景观、灌溉服务商交流研讨	
咨询委员会	
成立公共咨询委员会	

工作表 A-6　住宅用水审计检查表

服务水表	
校准/流量测试	
漏水测试	
向维修人员报告结果	
厨房	
检查水龙头流量	
提供曝气器或限流器安装服务	
检查跑冒滴漏	
卫生间	
淋浴	
检查喷淋头流量	
提供低流量喷淋头或限流器安装服务	
检查跑冒滴漏	
水盆	
检查水龙头流量	
提供曝气器或限流器安装服务	
检查跑冒滴漏	
马桶	
检查是否漏水(染色测试)	
清洁或更换挡板	
浮子臂检查和调整	
提供改装设备服务	
提供有关折扣的信息	
室外用水(灌溉季节)	
喷洒器流量测试	
检查喷洒器、水管或喷灌系统漏水情况	
检查喷洒器安装方式	
指导住户采用高效节水技术	
建议根据以下信息制订灌溉制度：	
☐当地政府强制实行的用水限制	
☐最佳灌水日期	
☐灌水频率	
☐灌水时长	
提供节水型景观美化实践信息	

　　来源：改编自美国给水工程协会，西北太平洋分部，《中、小型公开事业节水指南》(1993 年 8 月)，附件 B。

附录7 美国给水工程协会《节水项目运营管理标准》❶ (2013年)

第一版标准于 2013 年 1 月 20 日经美国给水工程协会（AWWA）理事会核准，于 2013 年 4 月 29 日经美国国家标准学会（ANSI）核准，正式生效日期为 2013 年 7 月 1 日。

美国给水工程协会标准

本文件是美国给水工程协会的一项通用标准而非详细技术规范，它只提出最低限度要求，不包含规范中通常涵盖的所有工程和行政管理信息。美国给水工程协会标准通常包含必须由标准用户评估的选项。只有在用户明确规定每个选项特征之后，才可完全定义产品或服务。美国给水工程协会发布的标准不构成对任何产品或产品类型的认可，也不表示美国给水工程协会测试、认证或批准了任何产品。应用美国给水工程协会标准完全基于自愿原则。本标准不取代、替换且不优先于任何适用的法律、法规或任何政府机构的规章。美国给水工程协会标准用于表述供水行业就特定产品可提供令人满意的服务所达成的共识。若美国给水工程协会修订或撤消本标准，将在《美国给水工程协会会刊》"正式公告"栏目的第一页发布正式公告，并于《美国给水工程协会

---

❶摘译自《Water Conservation Program Operation and Management》。

会刊》刊发正式公告次月的第一天生效。

美国国家标准

美国国家标准蕴涵了就标准范围和和条款规定所达成的广泛共识。美国国家标准作为指南为厂商、客户和公众提供帮助。美国国家标准不会阻止任何人(无论其是否已批准该标准)以任何方式生产、销售、购买或使用不符合该标准的产品、工艺或程序。美国国家标准需定期复查,提醒用户获取最新版本。鼓励生产符合美国国家标准的商品的生产商自行在广告宣传材料中,或在标牌或标签上声明,商品按照特定的美国国家标准生产。

背景介绍

AWWA 水务管理标准旨在服务于供水、废水处理和回用等公用事业,公用事业客户,业主,服务供应商,以及政府监管机构。根据项目计划制定的标准通常旨在改善水务公司的整体运营和服务。这些标准力求确立正规的管理运营指南,包括鉴别适当的做法、程序和行为,促进水务公司有效且高效运营,助力公众健康、公共安全和环境目标的实现。

AWWA 制定标准,美国国家标准学会(ANSI)进行核准,供水、废水处理和回用等公用事业部门采用标准的材料和工艺流程,这种做法已延续 90 余年。这些标准在世界范围内得到认可,已为众多水务公司及其他机构采纳。本管理标准的制订同样采用了相同的 ANSI 认可的正规流程。志愿者标准委员会确定了具有统一、适用格式的标准做法。

已经建立并将继续建立正规的标准委员会,为供水、废水处理和回用公用事业运营管理各方面分别提供标准做法。2009年 1 月,AWWA 创建了一个正式的标准委员会,制定本标准。

标准应用信息咨询。本标准专门针对且仅限于水务公司涉及节水项目的有效运营管理实践需求。AWWA 标准项目采纳的另外一些标准涵盖了更为详细的项目,例如,建立水务管理系统框架、水处理厂运营和管理、配水系统运营和管理、水源保护、安全实践、应急防备方法、商业惯例、客户关系和沟通等。

用户自行负责确定 AWWA 标准中描述的产品和方法是否适用于所考虑的特定应用。

节水项目运营管理标准(正文)

1 总则

1.1 范围

本标准对有效节水项目关键要素进行阐述。涵盖范围包括水务公司自身运营中的各项活动,通过供给侧的配水系统管理以及需求侧的用水计费和宣传教育,改善用水状况。符合本标准的节水项目对所有用水户都具有潜在影响。

1.2 目的

本标准的目的是为水务公司正规节水项目立项确立准则。

1.3 应用

开发和评估水务公司节水项目可参考本标准。

2 参考文献

本标准参考了以下文献。在本标准规定范围内,这些文献的最新版本构成本标准的一部分。如有任何冲突,以本标准要求为准。

AWWA 手册 M36—《水审计和漏损控制程序》

AWWA 手册 M50—《水资源规划》

AWWA 手册 M52—《节水项目规划手册》

Vickers,A.,《用水和节水手册》(2001 年)

3 定义

以下定义适用于本标准:

1.需求管理:有助于维持水资源长期可持续性的优化供水、水处理和输水条件要求的对策措施。需求管理措施包括:提高用水效率(节水型卫生器具、节水型环境美化和绿地灌溉),最大程度减少水的浪费和漏损(水漏损控制),节水水价,改变用水方式(循环水灌溉)、公众宣传教育。一些需求管理措施可由消费者自己实施,而另一些可通过水务公司发起的项目实施。

2.综合水资源规划(IRP):水务公司的全面规划,包括:需求管理和供给管理方案最小成本分析,公开、参与性决策过程,制订备选规划情景,以及识别大量的具有竞争性政策目标的涉水机构。有关实施综合水资源规划的工具,请参考AWWA M50—《水资源规划》。

3.饮用水:安全、合格的饮用和烹饪用水。

4.再生水:处理后适于某种有益用途的废水。

5.供水接入:从水务公司给水总管接入供水的管线部分,包括街道管线或用户物业管线处或邻近的止水栓,还包括阀门和管件,不包括止水箱。

6.利益相关者:对此过程的结果感兴趣,负有决策责任或过程中具有某种权力,以及受影响或获益的团体、组织、个人或机构。

7.供给管理:水务公司采取特定措施增强其供水能力,包括增添供水基础设施及提高效率。供给管理包括水审计、水压管理、计量、水源保护、养护和符合最小成本及其他规划准则的水源开发。

8.废水:住宅、商业建筑、工厂和各机构排出的液体和水载废物的组合,有时会与地下水、地表水和雨水相混合。

9.节水包括下列相关活动:减少用水需求;提高用水效率,减少水的漏损和浪费;改善土地管理方式,例如,以节水为目标的景观美化、土壤改良和低影响开发(LID)雨水存储。

10.用水效率:利用可行的最小水量完成功能、任务、过程或结果,或实现特定目标所需水量与所用水量或输送水量之间的关系指标。

11.水务公司:水服务提供者,包括水供应商/提供商、政府实体、私营供水公司(水供应商)或趸售商。

4 要求

4.1 监管要求

4.1.1 水务公司应证明在其管辖范围内满足或超出适用监管要求。

4.2 上层组织职能

4.2.1 节水项目协调人(联络员)。水务公司应指定专门的节水协调人(联络员),负责规划和实施节水工作。若无足够资源设立专门的节水协调人,则应指定一名从事其他主业的员工担任节水协调人。节水协调人至少应作为查询有关节水事项的主要联系人,但不一定是水政策、水价或项目实施等方面的决策者。

4.2.2 节水规划。水务公司应制定、实施和维护节水规划。应参照 AWWA M52—《节水项目规划手册》制定节水规划。规划必须涵盖所有相关客户类别的节水,并应包括明确定义和可衡量的项目绩效目标,以及可用来评估项目实施进展的一整套基准。最终的节水规划应包括供水评价、节水策略、节水目标、规划评估和正在实施中的规划的维护。履行要求应基于州或省和地方要求。

4.2.3 综合水资源规划中的节水。水务公司应同等对待节水与其他供水方案,并在进行供需预测分析时,酌情将节水作为供水方案组合的一部分。

4.2.4 公共信息和教育项目。水务公司应开展提高意识、培育节水文化和促进行为转变的信息活动,或将其纳入现有计划。本项目的关键组成部分应包括:有效传播水、水源和输水过程的价值;减少耗用水量的方法和机会的知识;并传送一致、持久的主旨思想。

4.2.5 水浪费条例。水务公司应开展或支持强制性水浪费条例的制定、实施和维护的工作。

此条例属地方法规,明确禁止各种浪费水,例如建筑溢流、失修漏水以及诸如在禁止日期/时间灌溉或冲洗硬表面等低效做法。

4.3 水务公司内部工作要求

4.3.1 计量方式。水务公司应实行促进节水的计量方式,所有水源和所有供水接入都需要计量。

4.3.1.1 通用计量。水务公司逐步对所有(私人和公共)供水接入实施通用计量。通过安装水表,水务公司可根据客户的实际用水量计费,并向客户直接反馈其用水量。计量工作进度以已计量占全部供水接入的百分比表示。目标是达到 100%。

4.3.1.2 源水计量。水务公司应对所有源水实行计量,包括地下水、地表水或再生水。通过源水计量,水务公司可追踪取水量,准确计算用水量,并确定消耗性用水对源水的影响。

4.3.2 水费结构。水务公司应采用非优惠性费率,为客户节约用水量提供经济激励。非优惠性水费结构包括阶梯费率、边际成本定价、季节性费率、基于水平衡的费率,参见

AWWA M52 中的定义。

4.3.3 计费方式。水务公司应根据计量定期向客户发送账单。账单应使客户易于理解,明确以 gal 或 L 表示用水量。如果采用其他单位,应给出换算系数。

4.3.3.1 计费频率。最低计费频率应两个月一次。最好每月计费一次。季度、季节或年度计费不足以向客户定期反馈需求。

4.3.3.2 报告用水量。通过水费账单(或其他沟通方式)向客户报告用水量时,应明确标注和定义用水单位。

4.3.4 景观美化节水项目。水务公司应制定计划,提高并维持景观美化和灌溉用水效率。计划应包括下列任何部分或全部内容:

4.3.4.1 设计、安装和维护实践。水务公司应通过适宜设计、安装和维护新的和现有的景观美化和灌溉系统,开发最大限度提高用水效率的项目。这些项目可能包括审计、经济激励、设计资料、条例、开发标准和宣传教育,以及如何适宜设计和运行灌溉系统的示例。

4.3.4.2 灌溉制度。水务公司应通过法令或自愿性宣传教育活动,鼓励客户根据植物需求浇水,劝阻客户过度浇水,或在一天中水分蒸发损失和风飘移最大时浇水。

4.3.4.3 景观美化用水平衡预算。水务公司应酌情实施景观用水平衡测预算,以解决景观用水问题,鼓励提高用水效率。景观用美化水平衡测预算可能仅提供参考信息,或者可能与水务公司的水费结构相挂钩。可以针对根据景观面积、植物材料和气候条件,将计量的实际用水量与得到的客户的合法理室外用水需求,水平衡测算可以与实际计量的耗用水量进行比较。

4.3.5 配水系统和水压管理。水务公司应开展相关活动和实施项目,最大限度减少配水系统的水漏损。

4.3.5.1 水务公司水审计。水务公司应采用 AWWA/IWA 水审计方法(如 AWWA M36《水审计和漏损控制程序》所述),每年对配水系统进行审计,确定表观和实际水漏损量。应根据审计结果实施减少实际和表观水漏损量的项目。

4.3.5.2 水漏损控制项目。水务公司应开发水漏损控制项目,追踪漏损,维护基础设施,并开展水漏损检测和修复工作。项目应包括水务公司年度水审计(第4.3.5.1节),并设立项目目标,制订评价措施。

4.4 外部政策要求

4.4.1 建筑规范和标准中的水效要求。在可行的情况下,水务公司鼓励采用水效规范和标准,包括室内卫生设备、商业/工业设备和室外景观的水效标准。应在州或省和地方一级鼓励采用和实施水效规范和标准。

4.4.2 推广节水型产品和服务。水务公司应对其所有客户推广采用和维护节水产品、做法和服务。

4.5 趸售代理商要求

趸售代理商直接实行4.1节、4.2.4部分和4.3节条款。如果趸售商与其零售代理之间达成一致,趸售代理商可协调区域节水问题和节水项目,向其零售代理商提供技术援助,并掌管节水工作在区域层面上更加有效实施。

5 核查

5.1 证明文件

证明文件应足够支撑第 4 节中的适用要求,并向公众公布。

5.1.1 节水工作纳入岗位职责说明。岗位职责说明应概述负责节水项目管理人员的职责,以证明符合第 4.2.1 节的要求。小型供水系统节水联络员还需承担其他工作,应在岗位职责说明中对节水方面工作加以具体阐述。

5.1.2 节水规划。节水规划(用以证明符合第 4.2.2 部分的要求)应至少满足第 4.3.5 部分和第 4.2 节的所有要求。

5.1.3 水资源规划。一部水资源规划应包括节水作用和节水量及其满足当前和未来需水的程度等方面的内容(用以证明符合第 4.2.3 部分的要求)。

5.1.4 水浪费条例。一部水浪费条例,可用以证明符合第 4.2.5 部分的要求。

5.1.5 费率表。概述水费结构的书面文件,可用以确保符合第 4.3.2 部分的要求。

5.1.6 AWWA 用水审计。应每年填写《AWWA 用水审计报告工作表》(可从 www.awwa.org 免费下载),以符合第 4.3.5.1 节的要求。

5.1.7 水漏损计划和追踪。应制定减少系统实际和/或表观水漏损量的书面执行计划,包含最佳实践、行动和目标。应每年根据所取得的进展更新计划文本。应追踪实现目标过程中的进展,要便于审查,以判定实际进展情况。这应用以满足第 4.3.5.2 部分的要求。

5.1.8　建筑规范或开发标准。涉及新建建筑水效的建筑规范应作为市政法规或开发标准的组成部分。这应用以满足第 4.4.1 部分的要求。

6　交付

无适用信息。

附录 8 《马萨诸塞州节水标准》❶
(2018 年)

(一) 节水标准介绍

1. 意义和目的

《马萨诸塞州节水标准》(简称"本标准")设定全州的节水和水效目标,并就有效节水措施提供指导。本标准还可作为一项教育工具,向马萨诸塞州公民灌输节水的重要性,节水与自然资源的关联关系以及所有类型的用户如何提高用水效率。节水的定义为漏损、浪费或用水量的有益减少,而水效定义为利用尽可能少的水量实现一项功能、任务、工艺或结果❷。预计气候变化将导致短期干旱天气在未来几年里更为频繁,因此为实现长期可持续发展,马萨诸塞州必须进一步重视节水和水效这两项至关重要的工具。

本文件包括"标准"和"建议"两个部分。"标准"代表最佳实践。供水公司和用水者应当在适用条件下采用这些标准。州有关部门也应将这些标准纳入水资源管理计划,并且在核准签发用水许可时采纳这些标准。"建议"代表用水效

---

❶译自《The Commonwealth of Massachusetts Executive Office of Energy and Environmental Affairs. Massachusetts Water Conservation Standards》。

❷Vickers, Amy, 2001,《用水与节水手册》,艾摩斯特,马萨诸塞州:WaterPlow 出版社。

率方面的新想法。尽管由于经济或技术限制,这些建议目前可能并不适合转变为监管要求,或者无法像标准一样在短期内得到广泛实现,马萨诸塞州水资源委员会强烈鼓励尽可能采纳这些建议。这些标准和建议应当共同指导所有涉及州水资源规划和管理的项目,包括但不限于:地方和州级土地利用和经济发展规划,干旱管理和节水规划,《水管理法案》《跨流域调水法案》和《马萨诸塞州环境政策法案》(MEPA)。在适用情况下,还应将这些标准和建议纳入全州范围内的建设、改造、运营和设施开发活动中。

本标准旨在奠定一个基础,帮助制定跨部门基准水效。在干旱和供水短缺情况下,委员会强烈敦促各社区和机构尽可能在本文件所述之实践之外采取更多行动。

2. 背景和目标

马萨诸塞州的经济、环境和生活质量与其水资源密不可分。全州年平均降水为 49 英寸❶,但年际变化大,严重旱灾年份降雨量不到 30 英寸。马萨诸塞州的地质特征为大部分地区的含水层(天然地下贮水容量)相对较浅,因此即便是短期干旱也可能导致供水水源、溪流和池塘枯竭。马萨诸塞州人口超过 600 万,居住于略多于 600 万英亩土地上,其每年典型的季节性用水模式也加剧了水资源短缺,夏季需水高峰期与森林和其他植被景观的最高吸水期同步。实际上,虽然降水充沛,全州一些供水公司仍然难以满足用水需求,它们在现有水源面临的压力和开发新水源面临的各种限制条件之

---

❶国家气象局,30 年平均值(1981~2010 年)。

间举步维艰,这些限制条件包括成本、环境影响以及日益稀缺的合适建设地点。

马萨诸塞州的本地动植物已进化至依赖自然环境中的水生存。河道水量减少和水体水位降低会导致水质恶化,造成生境丧失,并破坏生境之间的联系。在自然干旱发生期,我们的生态系统具有相当强的韧性,但人为取水会放大超出自然水平的低水状况的持续时间、频率和严重性。气候变化预计也将增加马萨诸塞州干旱的频率和严重程度。雨型也显现趋向于年降水总量有所增加,但却集中在为数不多且更强烈的暴雨,导致汇流加速,地下水和河系中滞蓄水量减少❶。预计夏季平均温度也将有所上升,将增加植物蒸散量和人们的户外用水需求。如果河流和湿地长时间处于非自然低水流条件下,会导致水生生物和生态系统实质性损害,由于景观和娱乐价值丧失、减缓污染等的生态系统服务功能丧失以及具有经济价值的物种损失,最终对我们的经济和生活质量造成实质性损害。

简而言之,马萨诸塞州的水资源压力已经波及社区和自然生态系统。马萨诸塞州的用水、增长与发展必须应对这些限制条件。马萨诸塞州目前已在节水和水效方面取得了长足进步,人均生活用水量已达到全美最低水平,但仍具有更大改进空间。通过继续帮助马萨诸塞州在节水和水效方面取得长足发展,本标准旨在:

(1)保护水资源,将其作为全州公共信托。

---

❶国家气象局,《马萨诸塞州的气候变化及其对河流洪水行为的影响》(提交至马萨诸塞州水资源委员会会议, 2017 年 10 月)。

（2）保证供水能够满足当前和未来用水需求，包括干旱时期的需求。

（3）保护水生生态系统。

（4）通过以下方式降低公用事业成本：

a）减少水浪费并降低相关能源和处理成本；

b）延长系统组件和设备的自然寿命；

c）推迟或消除开发新供水源的需要。

（5）助力确保可靠和可持续的供水，刺激经济发展。

（二）标准和建议概述

1.0　水资源综合规划和干旱管理规划

本章内容主要适用于以下机构：

·供水公司

·市政机构、委员会和部门

·州政策和监管实体

流域水文循环受多个人为因素影响，诸如取水、污水排放以及影响雨洪水流的土地利用决策。这些因素相互交织，对水量和水质产生重大影响。需要采用综合方法保护当地水资源，并着手解决和缓解由此造成的水文失衡。节水是综合方法中的主要内容。与节能一样，节水往往成本最低，损害最小，相当于增加现有水源能力。社区在规划水基础设施的未来升级、开发或扩展时，必须统筹考虑这三个组分的互依性。

地方水资源管理计划提供一个框架，以便于实施这些标准，制定针对系统维护、水源保护以及必要时新水源开发的长期优先事项和计划。该计划的目标是在以下各个层级整合供水、污水和雨水规划：社区、水区、排污区或雨水区，或者水务局或排污管理局管片。

国外节水实践
GUOWAI JIESHUI SHIJIAN

社区,尤其是存在严重水资源管理问题的社区,将从水资源综合管理计划(IWRMP)中受益良多。《马萨诸塞州环境政策法案》(MEPA)或《跨流域调水法案》可促成 IWRMP 中各项组成要素。清洁水州循环基金也鼓励制定水资源综合规划。IWRMP 内容包括社区现行供水、污水和雨水实践评估及其对流域水平衡的影响,同时辨识未来需求,并评估满足这些需求的替代方法。

干旱或应急管理计划是供水和需求管理计划的另一个重要组成要素。在 2016~2017 年干旱期间,马萨诸塞州大部分地区长期处于 4 级(最高为 5 级)干旱条件下,这次干旱事件进一步揭示了制定针对少雨条件的前瞻性规划的重要意义。减少用水量,提高水效,检查修复应急管道,制定应对长期缺水条件及其对各类用水户影响的总体规划,将大大有助于实现社区可持续供水。每个公共供水公司都应制定书面计划,应对自然诱发的和人为活动导致的紧急情况。结合季节性用水策略的需求管理计划对于协助供水公司降低季节性高用水需求,避免对供水和配水系统或环境造成过度压力(如第 9.0 章"户外用水"中所述)非常重要。

1.1　标准

(1)制定干旱管理计划,依据美国给水工程协会《供水实践手册 M60:干旱准备与响应》(AWWA,2011)以及州政府制定的任何干旱规划指南。

(2)制定适合供水系统的策略,降低日高峰和季节高峰需求,并制定应急计划以应对干旱、季节性短缺和其他非紧急供水短缺的影响。

(3)根据马萨诸塞州环保局要求❶制定紧急情况响应

---

❶http://www. mass. gov/eea/agencies/MassEPD/water/drinking/water - systems - ops. html#12

计划。

(4)针对供水系统运行管理制定符合节水标准的书面计划,如果可能的话,该计划还应符合本文件中提出的建议。

所有市政部门人员可随时查阅上述文件,确保符合标准,且在必要时强制执行。

1.2 建议

(1)综合规划——社区内基础设施规划评估应涵盖供水、污水和雨水,重点关注问题最大的方面。马萨诸塞州环保局有关《水资源管理规划》❶的指南可为制定规划提供参考。综合规划应定期更新。应考虑的具体原则包括:

·雨水。雨水往往是水平衡的重要组成部分。雨水管理方式有助于决定雨水是作为直接径流从子流域快速排出进入河道,还是补给地下水助力维持子流域自然水文循环。综合规划应当将雨水作为一种资源,通过入渗措施补给地下水,包括环境敏感场地设计、低影响开发❷、雨水最佳管理实践、良好运行维护等❸。

·污水。基础设施往往将污水输送出原发地,从而扰乱水平衡,耗竭当地河川径流和地下水。为了补给含水层,增

---

❶http://www.mass.gov/eea/docs/dep/water/laws/i-thru-z/iwrmp.pdf
❷低影响开发(LID)是一种土地开发和雨水管理方法,旨在增加地下水入渗以及径流滞蓄和过滤。低影响开发的主要工具是通过场地设计最大限度地减少对土地和植被的扰动,利用景观功能和自然植被区增加场地中雨水的滞蓄、入渗和过滤。其他工具包括节水和采用透水铺面。
❸《马萨诸塞州雨水管理手册》规定,公共供水Ⅱ类区或临时水源保护区内的雨水排放以及靠近或进入其他任何关键区域的雨水排放,均要求采用特定的排放源控制和污染防治措施,同时采用环保署规定的适用于上述区域排放管理的特定的雨水最佳管理工程措施。除非公共供水运行必需,禁止雨水排入Ⅰ类区或A类区。

加河流基流以及在高需水的夏季也能保持健康水位,应积极考虑采用分散式处理厂、局部补给和中水回用等方案。在适当考虑处理和水质的前提下,社区应考虑将再生水用于棒球场、高尔夫球场、练球场及其他休闲娱乐场地的灌溉以及大型开发项目❶。

·渗入和流入。渗入定义为地下水通过物理缺陷(例如,破裂的水管/检修孔或损坏的接头)进入污水收集系统。通常而言,许多污水管低于周边地下水位。因此,洁净的地下水渗漏进入下水道(渗入)是一个广泛存在的问题。如果下水道穿过Ⅱ类区或有水流流入供水取水点供水的地域,管道渗入会显著减少供水量。流入是指外部水流通过点源进入污水收集系统。流入与各种来源的雨水径流直接相关,如屋顶雨水立管、庭院和地面排水口、排水泵、检修口井盖以及雨水道或滤污池连通管。非暴雨相关点源也可能导致流入,例如挡潮闸漏水、冷却水排放、泉水和沼泽地排水。

杜绝渗入和流入,最大限度地减少地下水和雨水进入污水系统,对水平衡作用明显。社区在根据《314 CMR 12.04》的要求制定渗入和流入计划时,在合适的条件下,应力求实施经渗入和流入特别工作组审核的七项总体目标:

○消除所有下水道系统堵塞;

○最大限度地减小与渗入和流入相关的下水道系统溢流造成的健康和环境影响,长期目标旨在杜绝这一影响;

○从独立卫生系统中清除所有(并防止出现新的)流

---

❶关于再生水的法规(马萨诸塞州环保局 2009 年 3 月颁布)可在《再生水许可证计划和标准》中查看。

入源；

○ 最大限度地减少全系统的渗入；

○ 教育公众并鼓励公众参与；

○ 制定运营和维护计划；

○ 完善渗入和流入识别和消除的筹资机制。

·供水。无论是住宅、工业、开发、灌溉或消防用水,供水开发都需首先考虑本地流域。在许多情况下,通过工程设施将水从一个流域中引至另一个流域,即从一个流域调水支持另一个流域。这会导致供水流域河川径流下降、生境受损及其他生态问题。在理想情况下,用水和排水均应在本地进行,对水平衡和当地生态干扰最小,并在可能情况下进行补给。根据《跨流域调水法案》要求,跨流域调水必须考虑替代方案。优选替代方案应在考虑最具时间敏感性和成本敏感性的选项的同时,给予环境最好的保护。

(2)与其他当地官员沟通——为协助社区进行规划和决策,供水公司应定期向当地官员(环保委员会、区划和规划委员会、城镇委员会和其他涉及开发工作的机构)通报用水量和可供水量。当地官员则应针对土地利用或用水采取措施使其不致损害公共供水的完整性,不使水源水质恶化或水量萎缩,不向超出系统能力或损害未来潜在水源水量或水质的开发办法许可。

(3)水银行/水中和社区发展——社区和供水公司,尤其是容易出现容量问题,正在经历显著增长的,或受到2016~2017年干旱事件严重影响的社区和供水公司,应考虑建立水银行。水银行的目的是为供水公司、开发商或市政当局提供所需资源,以维持或减少现有水资源需求,同时满足现有和

未来发展用水需求。例如,水银行可能要求,任何力图连接至市政供水系统的机构每新增一加仑的用水需求,就必须在现有供水系统中或终端用户中减少两加仑的用水量。或者,试图连接污水收集系统的开发商减少渗入和流入,或补充雨水。更多有关水银行的信息以及有关通过净蓝项目获得"水中和社区发展"工具的补充报道,请参见附录 A(略)。

净蓝项目
水效联盟、环境法研究所和河流网络发起的一项合作倡议。   　　探索与水中和社区发展相关的机会,在水中和社区中,雨水集蓄和节水改造等抵消措施可确保新的用水增长不会对供水系统产生额外需求。抵消措施可以针对单个项目,也可以通过地方法规或法令实现更广泛的应用。净蓝项目提供了支持这一概念的定制化工具和资源。

2.0　漏损控制

本章主要针对:

·供水公司

·市政机构、委员会和部门

漏损控制指通过实施最佳管理实践确保进入配水系统的水有效输送至每个用水点。漏损控制措施通常需要核算系统中配送的水量,并对基础设施进行管理以防止系统漏损。评估控制措施的有效性也属于漏损控制的一部分。

水审计是漏损控制的重要第一步。水审计为供水公司提供了一种核算水量、识别和减少漏损及收益损失以及更好利用水资源的方法。水审计可以帮助供水公司将损失分类为系统的真实损失(例如配水系统泄漏,供水接入泄漏以及贮水罐泄漏和溢流）或表观损失（例如数据处理错误、未经授权用水和计量误差）。图 2-1 中展示了美国给水工程协会（AWWA）/国际水协会（IWA）水平衡类别中对真实损失和表观损失（图中圈出的内容）的定义。水审计的总体目标是协助公共供水公司评估降低实际和表观损失的策略。

漏损控制的下一步是确定和实施干预策略。通过水审计《配水系统饮用水漏损控制和减缓》（EPA 816-F-10-019）（摘自美国国家环境保护局，2010）

系统投入容量	授权用水	计费授权用水	计费计量用水	有收益水
			计费未计量用水	
		未计费授权用水	未计费计量用水	无收益水
			未计费未计量用水	
	漏损	表观损失（商业损失）	未授权用水	
			用户计量失准	
			系统数据处理错误	
		真实损失（实际损失）	输配干管泄漏	
			贮水罐泄漏和溢流	
			水表以上供水接入泄漏	

图 2-1　AWWA/IWA 水平衡

工作获取的数据可以用于开展组成分析，以便对真实损失进行进一步分类，进而选择最合适的减漏措施。加强基础设施管理以最大限度减少真实损失是漏损控制的重要内容。控制真实损失的策略包括维护和更换基础设施，最大限度地减少接头和配件数量以及最大限度地缩短泄漏修复时间。定期检漏调查追踪程序可提供有关真实损失的关键信息，是系统管理的重要组成部分。检测和修复泄漏可以提供最高的投资回报，尤其是对于较为老旧的系统而言。真实损失控制的另一项策略为水压管理。若系统运行水压较高，漏水接头和管道裂缝漏失量会更多，并增加泄漏频率和管道破裂风

险。通过优化管道压力,供水公司可以减少泄漏,并且减轻配水系统基础设施承担的压力。

评估已开展活动的有效性是成功控制漏损的关键。评估数据、跟踪进度、将结果与行业基准和性能指标进行比较以及确定需要改进的内容是漏损控制的最后一步,对于完善漏损控制活动至关重要。包含上述所有实践以及相关目标、评估措施和职责的正式漏损控制程序将有助于供水公司:

·降低不必要的取水量,减轻取水的环境影响,降低抽水与处理费用;

·解决计量误差和未经授权用水,增加水费收入;

·瞄准维护工作和基础设施投资,最大程度地降低系统干扰,提高系统完整性。

马萨诸塞州环保局要求,年用水量超过 3 650 万 gal(日均用水量超过 10 万 gal)的公共供水公司应在提交的年度统计报告(ASR)中核算流失水量(UAW),完成基本的水审计工作。流失水量包括真实损失和表观损失,例如不可避免的泄漏、可收回的泄漏、水表失准、停表仪表估算错误、未经授权的消防栓使用、非法接水、数据处理错误以及未记录的消防用途。流失水量定义为总水表测量的进入配水系统的总水量减去配水系统中所有消费水表测量的总水量,再减去通过可靠估算得出的或拥有文件记录的用于马萨诸塞州环保局规定的特定必要目的的水量,由此得出的差值。除核算流失水量外,马萨诸塞州环保局的年度统计报告还计算流失水量的百分比,以测量水系统效率。

马萨诸塞州环保局规定,通过可靠估算得出的和依据书面记录可从流失水量核算中扣除的水量包括马萨诸塞州环保局规定参数内的用水:消防、消防栓和给水干管冲洗,给水干管流量测试,给水干管修建,贮水罐溢流和排水,放气或喷气,下水道和雨水系统冲洗,街道清洁,干管破裂。通常而言,泄漏被归类为流失水量,而主干管破裂根据具体情况而定。

需要注意的是,对于许多公共供水系统来说,很大一部分流失水量实际并未浪费、滥用或泄漏(真实损失),而是用于正当目的,但不易估算或测量。

2.1 标准

(1)制定实施漏损控制计划——社区应制定实施漏损控制计划。有关漏损控制计划的指南,请参阅 EPA《配水系统饮用水漏损控制与减缓》以及 AWWA 的 M36。漏损控制计划包括以下项目:

a.年度水审计,更加专注于减少真实损失和表观损失。

b.计划目标和评估措施。

c.坚持记录,包括追踪损失、泄漏和维修等,同时追踪其他水量,例如马萨诸塞州环保局定义的"可靠估算的市政用水"。

d.泄漏管理,包括检漏勘测、区域流量分析、泄漏修复(详细说明见标准4)和水压管理。

e.系统评估和维护——为消除和防止泄漏和漏损,供水公司应定期开展系统评估,确定哪些地方需要设备改造,并将建议纳入长期设备改造计划。具体而言,应更换老化和尺寸过小或结构遭到损坏的管道,清洁和衬砌结构合理的管道,确保结构的长期完整性。

f.管道安装、维修、修复和更换标准。不当的管道安装和

工艺会导致不必要的泄漏,供水接入尤其需加以注意。所有管道工程、维修和连接都应正确设计、恰当执行并进行检查。

(2)在年度统计报告核算中通过满足或稳步趋于达到10%或更低流失水量目标,最大限度地减少真实损失和表观损失,并争取尽快得到马萨诸塞州环保局批准。已经达到10%流失水量标准的供水公司应继续开展相关活动,核算所有水量,利用最新技术进一步降低真实损失和表观损失。马萨诸塞州意识到,基础设施老化等问题可能会影响供水公司充分达到这一标准的能力。在这种情况下,供水公司应记录其为遵循本标准而开展的所有工作,包括制定和实施漏损控制计划,并将其作为一项监管要求。

(3)至少每三年开展一次全系统范围的检漏工作。如果漏损控制计划有要求,也可开展更频繁的检漏调查。

(4)尽快修复所有已发现的泄漏。建立优先级系统以实施泄漏修复工作。如果泄漏造成财产损失或影响公共安全,应立即予以修复。长时间未予修理的小泄漏造成的流失水量可能高于迅速得到修理的大泄漏。供水公司可参阅AW-WA手册M36《水审计和损失控制程序》,了解漏损量的时间效应,得到最大限度缩减泄漏运行时间方面的指导。

2.2　建议

(1)水审计——作为漏损控制计划的一部分,每年开展一次自上而下的桌面或书面审计工作。这一过程使用现有信息和记录来进行年度水平衡。美国国家环境保护局(EPA)《配水系统饮用水漏损控制与减缓》就自上而下的审计和基本步骤提供指导。自上而下的审计方法包括AWWA的手册M36和AWWA的免费审计软件,该软件基于M36,可从 AWWA 网站上获取。根据自上而下的审计结果,开展针对具体问题的自下而上的审计和活动,以便进一步优化数据,确定损失源头并聚焦于存在问题的区域。自下而上的审计和活动包括实地测量,例如区域计量区分析、对计量等实践开展详细调查以及实际损失组成分析。组成分析将真实损失划分为背景泄漏、未报告泄漏和已报告泄漏。水研究基金会《真实损失组成分析:经济漏损控制工具》和随附的软件模型提供了组成分析和评估指南,可确定成本最低的真实损失减少策略(有关泄漏和控制策略的组成,请参阅图 2-2)。强烈建议年同比流失水量出现显著和无法解释的增加的社区/系统以及无法达到流失水量监管标准的社区/系统开展自上而下和自下而上的审计分析。即使社区/系统达到 10%流失水量的标准,开展审计工作仍然可能颇有助益。供水公司可以聘请有资格的技术专家对审计进行"验证",从而进一步确认水审计中数据输入的基础。本章资源一节中引用的《美国的水审计:漏损和数据有效性回顾》提供了与审计验证级别有关的更多信息。

(2)水压管理——尽管马萨诸塞州的地形可能导致部分系统难以进行水压管理,但漏损控制中仍应考虑采用水压管理。水压管理有多种方式,包括:采用减压阀或减压装置构建一个独立压力区,以响应需求或压力,或者在固定时间构建独立压力区;或者在低需求时段(例如夜间或低需求季节)降低整个系统的压力。若系统只有一个压力区,难以管理其贮水罐并且面临水龄问题,则尤其能够从水压管理中受益良多。如果构建压力区导致系统中出现死角,则系统需要考虑水质问题,并且需要考虑减压对消防流量的影响。如果系统

使用国际水协会漏损特别工作组开发的公式计算其不可避免的真实损失(不可避免的泄漏),则评估系统的水压管理至关重要;如果系统或系统中一部分的水压高于所需水压,则不可避免的真实损失可能会高出必要水平。

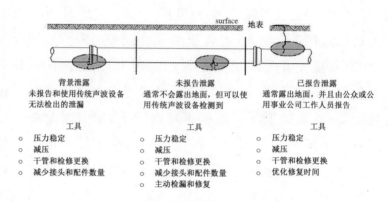

图 2-2　泄漏和控制策略组成

来源:Tardelli Filho, J, 2004,SABESP,巴西圣保罗:内部报告,摘自美国给水工程协会,2016 "水审计和漏损控制计划 M36"

（3）供水接入泄漏控制——很大一部分系统泄漏可能来自供水接入链接。供水公司应制定相应规章制度,要求业主及时修复其地产上出现的泄漏。供水公司还可以考虑在接入管道起始处安装表井,而不是在房屋或建筑物内安装表井,原因在于,如果供水公司就泄漏的水量向用户收取费用,这将鼓励用户修复泄漏。供水公司采取的其他策略包括供水公司提供的检修换件服务(尤其是作为给水干管更换工作的一部分)以及将供水接入纳入检漏勘测工作。

（4）检漏服务——供水公司应考虑集中资源以采购检漏服务,这一点类似于马萨诸塞州水资源管理局的计划,该计划雇佣了一位检漏顾问,任期 3 年,并基于任务顺序向用户社区提供服务。3年聘用价格较低,因为其负责检测的给水干管更长(约5 000 mi),而若一个社区聘用则通常只有100~200 mi。

(5)自动检漏——供水公司应考虑投资自动远程检漏系统。可以在全系统或只是问题区域安装永久或临时听漏设备。记录噪音信息,然后自动下载并进行处理。若有疑似泄漏,可发出警报。另外,也有可以安装在用户水表上的自动检漏设备。这些设备能够侦听用户接入管道和干管附近的泄漏。

(6)减压——《马萨诸塞州管道规范》[248 CMR 10.14 (g)水压过高]要求,在供水水压为每平方英寸80磅(psi)或更高时,必须在建筑物的供水接入处安装减压阀。80 psi或更高的水压会损坏建筑物的管道系统和卫生洁具,并导致更高的泄漏率和流率。水压超过80 psi的供水服务区通常位于低处或泵站附近。拥有执照的水管工可以评估安装减压阀的必要性,并安装、调整减压阀,从而保护业主的管道系统并实现节约用水。供水公司应对其系统进行评估,确定系统中哪些地方的水压持续超过80 psi,以便答复用户询问,并与管道检查员和业主合作,使他们意识到减压阀的必要性。

(7)盗水的处罚和/或罚款规定——市政水务专员、城镇委员会和公共供水公司等有权制定和执行针对公共用水盗窃行为的处罚措施的机构应制定新的法规/法令或修订现行法规/法令,以制定相应处罚。这一点可以通过授权处以重大罚款和/或处罚来实现,而这些罚款和/或处罚可以通过刑事或其他方式执行。鼓励私营供水公司与主管机构合作,制定有关盗水的法规/法令。《马萨诸塞州普通法》(MGL第

165 章,第 11 条)规定了针对盗水的处罚,罚款金额为损失金额的三倍或 1 000 美元,以较高者为准,或判处监禁,或两者并处。❶

3.0　计量

本章主要针对:

·供水公司

·市政设施和公共工程工作人员

·州政府设施工作人员

·工业设施、商业设施和拥有大型水表的其他用户(例如住宅机构和多户住宅区)

完备的系统计量可向供水公司和用户告知其使用的水量,向供水公司告知其用户的用水模式(这一信息非常宝贵),有助于需求管理计划,使得供水公司根据实际使用情况更准确地向用户收费。完备的系统计量还可以提供可用于管理全州水资源的基本数据。借助对当前用水量的准确了解,供水公司可以更有效地确定潜在节水量,协助特定用户实施节水措施,从而有机会降低系统的总体需水量。这样一来还能够保证系统留有余裕,可满足新用户的用水需求,并提高自然环境中滞蓄的水量。此外,全面而准确的计量意味着供水公司可以就其提供的所有水量收取费用,不会因未计量或剂量不准确而承担收益损失。

3.1　标准

(1)水源计量,测量记录地下水和地表水取水量,测量记录购水量。此外,如果在取水和进入配水系统之间存在漏损

---

❶MGL 第 165 章,第 11 条:故意损坏或干扰仪表;处罚。

的可能性,需测量记录出厂水量。

（2）确保 100%计量所有用水,包括所有市政和州政府设施(例如学校和运动场)的所有室内和户外用水。

（3）实施水表维修/更换政策和计划,包括划拨一笔用于校准、维修和更换所有供水水源和配水网络水表系统的预算。参阅美国给水工程协会(AWWA)手册 M6《水表——选择、安装、测试和维护》以获取相关指导。

（4）密封所有水账计量系统以防篡改,并定期检查,确保水工程系统的完整性。

（5）不管采用何种规格的水表,至少每年对水源、原水、处理水和出厂水总表进行校准。

（6）按照水表类型和规格校准和/或更换所有水表。供水公司应校准或制定必要的规章制度和控制措施,确保大用户水表的所有者按照建议的时间间隔对水表进行校准,并根据报告要求提供校准结果。可参考 AWWA 标准(AWWA 手册 M6)以获取有关校准要求和精度标准的指导原则。校准周期通常基于水表尺寸。水表磨损与计量水量而非过流时长有关。

（7）选择尺寸恰当的水表,满足水流量要求,确保计量精度。相关指南请参阅 AWWA 手册 M6《水表——选择、安装、测试和维护》以及 AWWA 手册 M22《确定给水服务管线和水表尺寸》。

（8）抄表和计费频率。如果计费频率低于每季度一次(即每年一次或两次),应尽快实施按季度或更频繁的抄表和计费。应基于实际水表读数而非估算读数向用户收取费用。

3.2 建议

(1)计费方式如下:

a)每月(或至少每两个月一次)。这有助于用户更好地追踪其用水情况,察觉季节性变化或潜在泄漏,并相应调整用水量。频繁计费还可以降低 b)因未检出的新泄漏而导致水费过高以及导致用户不满的风险。

b)若水表故障或被绕开,则基于估算流量进行计费。

c)在对应的使用期内读取临时水表并计费。

d)在适用情况下,由供水和排水运营共担抄表和计费费用。

e)在已安装自动抄表或先进计量架构系统的社区,搭建网站为用户和水审计员提供安全的用水数据访问渠道。

(2)自动抄表和高级计量架构——社区/供水公司应积极考虑投资于允许远程抄表的自动抄表(AMR)或高级计量架构(AMI)系统。远程抄表和数据收集有助于更频繁地计费,有助于供水公司改善现金流量,避免采用估算水表读数,支持水审计,并且使用户能够追踪其用水情况,为供水公司提供与社区用水模式相关的更详细信息。这对于执行用水法规以及调查盗水和水表篡改活动颇有助益。此外,远程抄表可以使供水公司就用户水表内侧发生的泄露向用户发出警报,帮助供水公司提高对用户水表和主水表之间水量进行核算。总体而言,自动抄表和高级计量架构提供了增加收入、改善用户服务和资产管理的机会。应采取适当措施保护用户隐私。

(3)尽量少用估算数据——抄表方式应考虑年度统计报告采用实际数据而非估算数据。

4.0　定价

本章主要针对：

· 供水公司❶

· 市政机构、委员会和部门

· 州级政策和监管实体

水价是节水行动的重要驱动力。此外，研究表明，较随意的用水行为（例如草坪灌溉和洗车）对价格信号最为敏感，印证了水价应作为马萨诸塞州促使用户提高用水效率工作中的关键要素。

与此同时，价格结构必须能够确保供水公司的长期财务完整性，使其在未来仍能提供安全、可靠、可持续的供水服务。如果马萨诸塞州利用急需的初始公共投资开发水基础设施，则重置成本在供水公司预算中所占比例往往不足，导致水价通常无法体现供水服务的真实成本。由于供水公司需要承担维护、更换以及在某些情况下扩展原始基础设施的成本，大多数供水公司发现它们面临的财务需求超出了它们可以通过现有费率收取的收入。

此外，多数甚至所有供水公司偏重于按水量收费（按单位售水量收费），但成本通常是固定的，尤其是短期成本。无论用水需求如何，许多基本基础设施都需保持就位，而且即使随着时间的推移，可以在需水量下降时减少系统投资，但使用寿命长的组件可能无法在近期内轻易拆除。如此一来，

---

❶根据普通法第 164 章第 94 条、普通法第 165 章第 1 条、普通法第 21G 章第 19 条，与私营供水公司有关的定价和费率设计问题由马萨诸塞州公共事业部负责。因此，本章所述标准不适用于私营供水公司。但是，在设计水费费率时，公共事业部认识到节水的重要性，并致力于与水资源委员会和其他监管机构合作以实现节水目标。

除非从战略角度对费率进行设计,使其能够在用水需求降低时收回成本,否则节水将加剧供水公司的财务缺口。最后,即便供水公司采取针对随意用水活动的节水措施,保证必要用水(饮用、烹饪、卫生)的可负担性仍然是供水公司的一项关键社会职能。

简而言之,确定水价和费率结构是一项多方面任务,必须同时支持多项基本目标。幸运的是,近年来,针对这些复杂问题,相关的研究、指南和费率设计工具已取得显著进展。本章中的标准和建议体现了这些进展,力图共同支持开发和采用鼓励水效和节水的水价和费率结构,因为其可以:

通过合适的成本回收确保供水的长期可持续性;

促进缴费者之间成本公平分配;

保护基本用水需求的可负担性。

本章还反映出供水公司日益认识到,在重新考虑水价时让缴费者和政治领导人参与其中的重要性。基于多目标之间的有效平衡制定节水费率,要求供水公司确保社区成员了解其供水系统面临的挑战和成本,以及其在支持公共卫生、安全和经济发展中发挥的关键作用。

这些标准和建议描述了关键原则和指南要点,而本章末尾列出的资源中则提供了更全面的指南和专门的费率设定工具。

4.1 标准

(1)供水服务全成本回收。社区和供水公司应保证其制定的水价和收入结构可以收回运营、维护和保护供水系统的全部成本,并开展年度费率评估工作以根据需要调整价格。

供水公司可采用任何费率结构来实现全额成本回收。

全部成本包括主要成本(例如运营和资本支出)和维持成本(例如流域保护和公共教育)。视各系统情况而定,全额成本回收应确保至少收回以下成本:

抽水设备和配水系统的运行、维修和养护;

· 水处理;

· 电力和能源成本;

· 基建投资,包括规划、设计和建设;

· 流域土地购买/保护,井场购买/保护,含水层土地购买/保护;

· 债务清偿;

· 管理(包括人员和系统管理、计费/核算、用户服务、服务研究成本、费率分析和长期规划工作);

· 包括以下一项或多项内容的节水计划:

○水审计(供水公司审计和各个设施审计,包括用户自愿审计);

○检漏设备、服务和维修;

○水表更换/维修程序;

○自动化抄表设备,包括安装和维护;

○采购免费或以补贴价格提供给用户的节水设备(例如低流量水龙头设备和马桶检漏套件);

○针对节水洁具和电器和/或雨水集蓄系统的用户返利计划;

○公共教育计划,包括水费账单上的教育内容,学校合作计划和公共研讨会;

遵守法规,包括减轻环境影响,许可和报告费用;

员工的工资、福利、培训和专业发展。

（2）不得采用递减阶梯费率。递减阶梯费率指计费期内随用水量增加，水价逐步降低。供水公司不应采用这类费率结构。对于公共实体运营的供水公司❶，《马萨诸塞州普通法》第 40 章第 39L 条禁止其采用递减阶梯费率。

4.2　建议

（1）利用价格信号减少低效用水和非必要用水。社区和供水公司应采用鼓励提高必要❷用水效率和减少非必要❸用水的费率结构。

鼓励提高水效的最常用方法为对低效和非必要用水收取较高的单位费用。这种费率结构称为节水费率，根据特定社区和系统，可以有多种方式，实现全成本回收。为确保有效性，节水费率应体现：a）合理区分高效必要用水和用于非必要目的的过度用水或间或对系统或环境造成极大负担用水的机制；b）上述两种用水方式单价之间有意义的区别（前者低于后者）。节水费率的示例包括但不限于（这些示例可以相互结合，并不互斥）：

·季节性费率——提高单位费用，体现季节性高峰需求和/或季节性水源压力因素，例如天然流量低

·阶梯式费率——随着用户在计费期间的用水量高出设定的水量阈值，其单位费用增加

注意，简单的递增阶梯费率（对同一个用户群中的用户采用相同的费率阶梯）也可以促进节水，前提是这一分档费

---

❶汉普登县供水公司除外。

❷马萨诸塞州环保局对必要用水的定义为：a）出于健康或安全原因；b）根据法规要求；c）用于食品和纤维生产；d）用于牲畜养护；或 e）出于满足企业核心职能的目的。

❸非必要用水指的是除必要用水外的其他用水。

率结构合理并且应用于相对同质的用户群。而更具针对性的或个性化的费率阶梯考虑不同用户类型差异,例如独栋住宅与多户单元楼,家庭规模(基于预算的阶梯)或其他区分因素。这类费率需要更多数据和资源❶,但与简单的递增阶梯费率相比,能够实现更有效的节水,并且通常更加公平。❷

干旱或稀缺费率(基于干旱触发因素或其他特定的水源压力指标提高单位费用,例如水质恶化或需水量增加导致水库水位下降)。

鼓励提高水效的另一种方法是设定统一的高费率。这种方法在概念和管理上都很简单;但是,在这种计费方式下,即便用户实现了高效用水,其仍然可能面临承受能力问题。

(2)建立企业基金。履行公共供水公司职责的市政当局应根据《马萨诸塞州普通法》第44章第53F 1/2条或同等规定成立企业基金,将供水核算与普通市政基金和其他政府活动分离。该基金使供水公司能够核算运营和维护供水系统的总成本,并确保将来自供水活动的所有收益都保留用于供水支出。

(3)制定长期规划和预算。建议供水公司制定长期运营和设备改进计划,作为制定水费费率和年度预算的基础。十年或更长时间的规划期可以帮助供水公司:1)向用户和决策者告知供水系统的财务需求;2)建立收入流,以覆盖高成本资本项目;3)提供支持债权收购的合理理由;4)通过对基础

---

❶为了减轻为确定各个家庭规模带来的行政负担,一些供水公司选择实施基于预算的费率阶梯,基于假定给定家庭规模(例如4人)向居民用户分配水费阶梯,并允许规模较大的家庭根据实际家庭规模申请调整费率阶梯。

❷Wang 等,美国给水工程协会(2005)。《节水费率:扩大供水、促进公平并实现最低流量水平的策略》。

设施及时修复活动进行预测并制定相关预算,避免拖延维修的高成本。

(4)改革费率结构,解决收入稳定性、承受能力和公平问题。通过各种费率结构方法改革,采用日益先进的费率设置工具和资源,供水公司可以制定既能如上所述收回所有成本并发送节水价格信号,又能力求实现以下目标的费率结构:

· 稳定收入来源;

· 保护对高效、必要用水的承受能力;

· 公平合理分配成本。

例如,有助于稳定收入的策略包括在用户水费中保留储备基金和/或递增的固定费用。提请注意,如果急剧提升随意或过量用水单价,包含固定费用的费率结构仍可发送强烈的节水信号。为确保在提高或新引入固定费用时不会削弱节水信号,应同时对按水量收费部分进行重新评估,并根据需要做出调整。

例如,通过为基于收入获得资格的用户提供折扣费率保护承受能力。一些供水公司为第一档用水量(覆盖满足基本需求的高效用水)的整个用户群设置较低(补贴)的单位费用,解决承受能力问题,尽管这种方法对全成本回收更具挑战性。

成本公平分配机制包括对以下体现系统相对负担的费用进行分配:例如基于整个服务区域基础设施成本的消防费用;在使用补充水源或处理设施以满足高峰需求时施行的高峰使用费;或针对超出分配水量的部分收取高额费用,致力收回(或减缓、避免)与开发新水源相关的成本。

本章末尾列出的资源就实现上述目标的诸多策略提供

了另外一些指导意见。

(5)采用支持价格信号的计费方式。在以下情况下,价格信号最有效:a)用户了解费率及其用水方式对水费账单的影响;b)水费账单的计费频率足够高,以便在相应时间周期内作出响应,调整其用水量或调查可能的水损失原因。鉴于意识到计费软件和抄表的局限性,随着设备和技术的更新,其中一些方式需随着时间的推移分阶段实施,建议供水公司采用以下计费策略,其已被证明可以提高节水价格信号的有效性。

·每月(或至少每个月)计费一次。这对于鼓励提高景观灌溉或其他季节性随意用水的效率和促进节水以及及时识别和修复泄漏尤为重要。

·在水费账单上注明费率结构。使用户可以更好地了解用水量增减的经济影响,尤其是在用水量接近定价阶梯阈值的情况下。

·使用加仑(gal)作为计费单位。有助于用户以熟悉的方式更直观地了解其用水量,并进行相关调整,以显著降低其费用。可以考虑提供一张表格,用户可将其家庭用水量与州级标准[65 gal/(人·d)]进行比较(参阅附录C)。

·提供相关信息帮助用户绘制其用水量趋势图,并将其用水量与同类型用户进行比较。如果可能,提供充分的历史用水数据,使用户能够对比其当前用水量和上一年同时段的用水量。在高级计量架构允许的情况下,考虑搭建一个安全的网站,用户可以在该网站上找到并追踪有关其用水的更多详细信息。

·在水费账单中提供教育内容。发送账单是一个向用

户提供节水技巧的机会;可以通过水费账单向用户告知任何可用的返利或家庭水审计计划;并增进他们对公用事业公司的各个方面的了解,例如关键基础设施组件,大规模投资方案,与提供可靠服务相关的成本。考虑与拥有良好节水技巧和资源的环境教育团体合作。

请注意,自动账单支付系统可以为用户提供极大便利,但可能会减少用户接触针对性价格信号、与其用水有关的关键信息以及教育材料的机会。提供自动账单支付便利性的供水公司应考虑提供补充性沟通方式,确保向用户传递针对其用水情况的信息以及相关教育信息。

（6）主动传递讯息。上文所述的定价和费率方法可能不同于用户已经习惯的方式,因此鼓励供水公司、社区领袖和州政策制定者主动传递讯息,为缴费者提供帮助:

·认识到获取可靠清洁用水对公共卫生、安全和经济的价值;

·了解供水公司的成本动因(可能涉及强调供水公司除交付商品外还负责维护安全可靠的供水系统);

·认识到节水的环境效益和经济效益;

·认识到长期规划对供水可持续性的重要性。

考虑与环境教育和当地流域团体合作,传递有关节水的环境效益信息。第 10 章"公共教育和外展"中提供了一些与公众沟通的有效方式。

（7）缴费者参与费率制定。公众对话和参与可以在设定有效水价方面发挥关键作用,通过这一方式,水费支付者和社区决策者将能够理解并支持设定的费率结构,尤其是在需要对费率结构进行重大调整的情况下。本章末尾列出的资

源为规划和组织公众参与提供了一些有用的指南。第10章
"公共教育和外展"中也提供了一些有用的建议。其中,一些
关键指南包括:

· 纳入广泛的社区代表;邮寄调查和公平代表各方利益
的咨询委员会等工具有助于确保对所有观点进行整合。

· 数据可以作为一项强大的参与工具;例如,对各种费
率结构对不同用户群的影响进行建模,有助于公众评估利
弊,并打磨适合社区需求的解决方案。

· 虽然搭建公众参与结构的初始基础工作可能需要投
入大量资源,但在成功开发后,这些结构就可以反复用于评
估工作,进行必要的路线校准或解决新问题。

5.0 生活用水

本章主要针对:

· 居民用户

· 供水公司

· 市政委员会和部门

· 州政府设施的工作人员

· 州级政策和监管实体

马萨诸塞州超过67%的计量公共供水为生活用水。[1] 因
此,提高生活用水效率将能够实现显著节水。

生活用水包括室内和户外用水。室内用水通常包括马
桶、洗衣机、淋浴喷头、水龙头、洗碗机以及其他生活用水,涵

---

[1]基于马萨诸塞州环保局对2011年和2012年年度统计报告中供接入计量水量
数据的分析。

盖清洁和烹饪用水(见图 5-1)。❶ 户外用水包括草坪和花园灌溉、游泳池注水和重新灌注、洗车和其他清洗。马萨诸塞州各社区的户外用水在生活用水总量中所占百分比差异巨大(见图 5-2)❷,并受到诸多因素的影响。第 9 章介绍了针对户外用水的标准和建议。在供水系统中,用户自有管道上出现的泄漏可能是室内和户外用水的一个额外的,有时甚至是非常重要的组成部分。

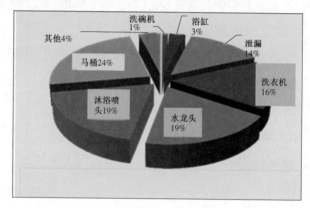

图 5-1　住宅日均室内用水量(%)(全美范围内的 737 户住宅)[18]

通过水效标识(WaterSense)提高用水效率。为了更好地教育公众并促进节水器具的使用,马萨诸塞州水资源委员会已加入美国国家环境保护署 WaterSense 计划,并建议其他机构也这样做。带 WaterSense 标签的产品和服务均经过认证,可满足该计划的严格水效、性能和测试要求。经认证产品的水效必须至少比标准产品高出 20%,同时提供同等或更高的性能。

---

❶DeOreo, W.、P. Mayer、B. Dziegielewski 和 J. Kiefer,2016,《住宅终端用水》,第 2 版。丹佛:水研究基金会。
❷基于马萨诸塞州环保局对马萨诸塞州东部两个社区 2016 年年度统计报告中的夏季到冬季用水比率的分析。社区选择反映了夏季到冬季范围内用水量的高、低两个极端。

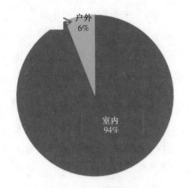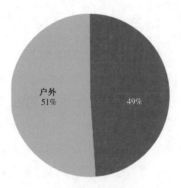

（a）东部城市社区　　　（b）东部郊区社区

图 5-2　室内和户外用水在生活用水中所占比例[19]

WaterSense 认证产品划分为七个类别:水箱式和计量冲水阀马桶、冲水式小便池、浴室(盥洗室)水龙头、淋浴喷头、灌溉控制器、商用预清洗喷雾阀和新建住宅。该计划还为景观灌溉专业人员提供认证计划标签。目前已有超过 21 000 种产品带有 WaterSense 标签,并且该计划将继续认证新产品和产品类别。❶ 有关最新更新信息,请访问 WaterSense 计划的网站 http://www.epa.gov/watersense/。

5.1　标准

所有用水户:

(1)提高生活用水水效。将全年平均生活用水(包括室内和户外用水)限制在 65 gal/(人·d)或更低水平。❷ 在干旱或供水系统紧张时期,社区可能需要制定更严格的用水目标。

社区和供水公司:

(2)达到 65 gal/(人·d)的生活用水性能标准。❸ 65

---

❶截至 2016 年的 WaterSense 标称产品型号和类别数量。

❷将家庭用水量转换为人均用水量,参阅附录 C 中的人均日用水量(加仑)查询表。

❸马萨诸塞州政府认识到,季节性人口流动等原因可能导致社区无法完全达到这一标准。在这种情况下,社区应记录其为遵守该标准而开展的所有工作。

gal/(人·d)的生活用水性能标准是基于附录 D 和 E❶ 中提供的信息得出的全系统平均水平,代表最低水效标准。如果当地环境或运营条件要求实现更高水效(例如在干旱时期),则应力求实现低于 65 gal/(人·d)的全年平均生活用水量。

(3)实施综合生活用水节水计划,力求通过实施本章中的适用建议以及达到"户外用水"(第 9 章)和"公共教育和外展"(第 10 章)中的标准减少生活用水。计划范围视各社区具体情况而定,下文列出的建议提供了一个可用选项清单。如果一个社区的用水量等于或低于 65 gal/(人·d),则该社区应继续努力维持这一水平或进一步降低人均生活用水量。❷

综合节水计划的十个步骤(Vickers,2001)²⁴

1. 制定节水目标。

2. 研究用水情况和预测。

3. 评估计划中的水和废水处理设施。

4. 识别和评估节水措施。

5. 确定和评估节水倡议。

6. 分析收益和成本。

7. 选择节水措施和激励措施。

8. 制定并实施节水计划。

9. 整合节水和供水计划,修改预测。

10. 根据需要监测、评估和修改计划。

---

❶关于北美单户住宅的全国平均室内用水量,参见附录 D 中的图 D-1。住宅用水数据和基准参见附录 E。

❷Vickers, Amy,2001,《用水和节水手册》。阿默斯特,马萨诸塞州:WaterPlow 出版社。详情参见第 1 章。

5.2　建议

以下建议适用于室内用水。针对户外生活用水的标准和建议请参阅第 9 章"户外用水"。

所有用水者：

（1）选择高效节水的卫生洁具和电器。寻找带 Wa-terSense 标签的卫生洁具和带能源之星（Energy Star）标签的电器，发现满足高标准效能的产品。有关水效标准

的内容，参见附录 D 中的表 D-2。选择下列高效住宅产品可达到可观的节水节能效果：

a. 高效节水马桶（HET）：马桶占室内用水的 24%，在所有室内用水中所占比例最高（见图 5-1）。高效节水马桶每次冲水使用的水量（gpf）为 1.28 gal 或更少，换句话说，比普通"低冲量"型马桶（1.6 gpf）的用水量低 20%。目前还存在双冲水型马桶（平均用水量为 1.28 gpf）和电动冲水型马桶（用水量低至 0.8 gpf）。性能测试结果表明，许多高效节水马桶能够提供与普通马桶相同或更高的冲洗力度。（http://www.map-testing.com/）

b. 高效节水洗衣机（HEW）：洗衣机占室内生活用水量的

16%(见图 5-1)。洗衣机的水效可表示为综合水系数(IWF)❶。综合水系数越低,表明洗衣机的水效越高。洗衣机的水效因洗衣机容量(紧凑或标准型)和型号(滚筒式或波轮式)而异。通常而言,滚筒洗衣机水效更高,但波轮洗衣机的水效也正在逐步得到改善。❷ 为了实现最高的水效和能效,请选择由能源效率联盟❸认证为第 3 级的产品或带能源之星标签的产品❹。

(2)尽快修复泄漏。滴水的水龙头和漏水的马桶、管道和电器每周可能造成多达数百加仑的水损失,导致用户的大量资金被白白浪费。有关查找和修复常见泄漏的指南,参阅 http://www.ose.state.nm.us/FixALeak/add_info.php❺ 上的"不要浪费一滴水:查找、修复和防止室内漏水"。

(3)通过避免向水槽中持续放水来减少用水量。对于厨余垃圾,将可堆肥垃圾放置在堆肥点,而不是使用垃圾处理器。然后,将完成的肥料施撒至房屋周围的土壤中,或薄薄地铺在草坪上,以增强土壤的持水能力并减少灌溉需求。现

---

❶对于洗衣机,联邦政府于 2018 年 1 月 1 日颁布了更严格的新能效和水效标准。参阅 10 CFR 430.32(g)(4)。
❷电器标准意识项目。洗衣机。可访问 http://www.appliance-standards.org/product/clothes-washers 查看(访问日期 2017 年 1 月 20 日)。
❸参阅由能源效率联盟编制的合格产品清单(http://library.cee1.org/content/qualifying-product-lists-residential-clothes-washers 和 http://library.cee1.org/content/qualifying-product-lists-residential-dishwashers)。
❹为达最高效率,采用评级为"能源之星最高能效"的产品(www.energystar.gov/)。
❺用水和节水处。新墨西哥州工程师办公室。2002 年 2 月(http://www.ose.state.nm.us/FixALeak/add_info.php)。

在,许多社区都提供路边食物和其他有机废物收集服务。应考虑参加路边堆肥计划。

供水公司、市政官员和州政府设施管理者:

> "[来自四项研究]的结果表明,为减少泄漏而开展的工作不应针对一般人群,而应针对群组中排名前 10% 的住宅……排名前 10% 的住宅的泄漏量占泄漏总量的 50%。"
>
> DeOreo 和 Mayer,2012(参阅注释 33)

(4)促进在建筑改造和新建建筑中使用高效节水的卫生洁具和电器(参见上文建议 1)。

(5)为淘汰低效洁具和电器提供返利。考虑实施一项广泛的计划,通过改造和返利计划淘汰较旧的高用水量马桶以及其他洁具和电器。

(6)考虑向居民用户提供免费或低价的水审计服务。分析冬季用水数据,识别能够从审计工作中受益的用户。生活用水审计应至少包括以下内容❶:

· 室内:检查马桶、淋浴喷头、水龙头、洗衣机、洗碗机、滤水器、软水器、蒸发冷却器、水疗/热水浴缸以及其他卫生洁具或电器是否漏水,检查其流率,检查其是否装有节水改造装置以及居民是否高效使用这些卫生洁具和电器。

· 户外:评估户外用水是否高效并检查是否存在泄漏。参阅第 9 章"户外用水"以及附录 I:高效灌溉准则。

---

❶相关指南请参阅《最佳管理实践:节水》系列中的"生活用水审计"。可访问新英格兰给水工程协会网站(http://www. newwa. org/MembershipResources/Utility-Resources. aspx#96523 - bmps - and - advices)查看。《用水和节水手册》(Vickers,2001,附录 E(室内)和附录 F(户外))中提供了生活用水审计的样本工作表。

·通过开展投资回报分析❶论证建议升级投资的合理性,回报分析需评估供水成本的降低。

(7)促进泄漏修复——泄漏占室内用水很大一部分,达住宅室内生活用水的 14%(见图 5-1)。考虑使用计量技术识别表明用户住宅出现漏水现象的用水模式。如果怀疑出现泄漏,立即通知用户。❷ 社区应考虑提供协助或激励用户修复泄漏,否则用户会放任泄漏点持续漏水。有关供水接入泄漏的内容,参阅第 2 章“漏损控制”(建议 3)。

(8)在适当情况下整合替代技术——如果希望超越当前标准并在节水领域做得更多,则应考虑采用替代技术,例如堆肥式马桶、无水小便池或中水系统。在适当的情况下,州政府和市政建筑可以作为这些技术的示范场所。

(9)必要时更换铅管——去除含铅管道材料对公共健康具有重要意义。这还将减少用户为减少潜在铅暴露而用于冲洗管路的水量。

州政策和监管实体:

(10)更新马萨诸塞州管道规范。马萨诸塞州应通过水资源委员会与州管道委员会合作,更新针对卫生洁具的现行用水标准,以体现能够实现更高水效的现行设计,并与州管道委员会和马萨诸塞州环保局共同审核与再生水相关的现

---

❶投资回报分析可计算升级项目通过节省资金收回其所有成本所需的时间。计算公式为:

投资回收期=升级成本/单位时间节省的水和能源成本

❷研究表明,50%的泄漏来自 10%的房屋。建议确定这 10%的用户并针对这些用户开展外展活动。参见 DeOreo, W. 和 P. Mayer. ,2012,《对单户住宅用水需求下降的见解》。《美国给水工程协会学报》,第 104 期:E383-E394。可访问 http://dx. doi. org/10. 5942/jawwa. 2012. 104. 0080 查看。

行政策和法规,提出变更建议,消除中水回用面临的障碍,促进(在考虑水质的情况下)实施回用系统。

(11)创建激励机制(包括返利),安装节水卫生洁具和电器。马萨诸塞州应探究通过能源公用事业公司为节水电器提供返利的机会,因为节水电器通常也具有节能效果。

(12)依据《马萨诸塞州环境政策法案》审查大型新开发项目时考虑节水。能源与环境事务部应依据《马萨诸塞州环境政策法案》制定一套标准节水建议,作为依据《马萨诸塞州环境政策法案》对大型新建和重建项目审查内容的一部分。这些建议应包括但不限于安装节水卫生洁具和电器,并满足针对草坪和景观节水的所有适用标准和建议(如第9章"户外用水"中所述)。

(13)利用年度统计报告提供的信息,定期监测全州各个社区在满足节水标准方面取得的进展。

6.0 公共部门用水

本章主要针对:

· 市政机构、委员会和部门

· 市政设施和公共工程

· 州政府设施

· 州级政策和监管实体

市政和州政府建筑物、设施和景观应位于室内和户外水效的最前沿。它们应当树立榜样,引领节水措施、节水技术和节水理念的发展。这些场所应竖立标牌,作为节水示范场所,使公众意识到州政府和市政当局是节水的引领者。以下标准和建议将有助于在政府建筑物、设施和景观中强调和实施节水和水效措施。它们还将有助于准确核算用水量,并向

公众展示节水技术和理念。

6.1　标准

(1)建筑、设施和庭园:

·开展室内和户外审计,并核算所有用水量,这一工作应基于对公共建筑、公园、灌溉运动场和其他设施的充分计量。

·分析现有用水数据,总结用水趋势、模式和不明原因的增长(可能表明存在泄漏或用水效率低)。

·确定可以实现最高水效和潜在节水效果的措施。

·在新建建筑中使用节水设备,例如水龙头起泡器、低流量淋浴喷头、堆肥式或高效节水马桶(HET)(或"双冲水"型号)❶和自闭水龙头。公共建筑和设施的使用者应当能够清晰识别节水设备和节水措施。

·关注更换/改造建筑物中的耗水设备(例如浴室、锅炉、冷水机组)。

·践行良好、高效的草坪和景观用水技术,达到第 9 章"户外用水"中所述标准。

(2)计量或估算承包商出于管道冲洗和建筑施工目的从消防栓中获取的用水量。

(3)严格执行管道规范,并在新建和改造建筑物中纳入其他节水措施。

6.2　建议

(1)户外用水——遵循第 9 章的建议,采用户外用水策略。

---

❶高效节水马桶(HET)的有效冲水量为每次冲水 1. 28 gal 或更少。

（2）创建示范场所——将公共建筑作为创新节水技术的示范场所,诸如堆肥式、泡沫冲水和双冲水马桶、雨水集蓄水窖、智慧水景观美化等技术。

7.0　工业、商业和机构(ICI)用水

本章主要针对:

· 商业设施

· 工业设施

· 机构设施

· 市政设施

· 私营部门和非营利实体

· 办公园区和办公建筑

· 州政府设施

水对于工业、商业和机构(ICI)设施(包括医院、学校、监狱、大学和学院)的正常运行至关重要。水用于采暖、冷却和工艺处理,还是环境卫生和景观美化的维持和组成要素。在许多社区,工业、商业和机构设施每天的用水量会超过个人用水者。采取节水措施将有助于显著减少整个社区的用水量,从而节省大量资金。节水措施要有针对性,体现各个设施的用水类型和特点(有关最佳管理实践的信息,请参阅附录 F)。将节水措施纳入行业策略,遵守当地下水道和国家污染物排放消除系统(NPDES)的排放要求。通过利用最佳可用技术,采纳以下标准和建议提高水效。

7.1　标准

（1）开展水审计,确定采暖、冷却、工艺加工、卫生和户外用水水量和用水点(工业、商业和机构水审计的示例请参阅附录 G)。审计结果作为下列节水措施的依据:

·回收和再利用冷却水,实现最高水效(浓缩倍数)。考虑在天气凉爽时改蒸发冷却为干冷却。

·在水质要求较低的场所(按水质要求递减顺序)回用工艺用水。

·利用非饮用水(遵守管道规范和马萨诸塞州环保局法规❶,确保饮用水安全并避免交叉连接)。

·在冷却设备中使用热敏控件和阀门。

·用气冷代替水冷(在符合空气质量标准的可行条件下)。

·安装或翻修高效节水的卫生用水设备,按计划进行水表维护和校准。

·节水型园艺。

(2)用水量大的用户(用水量超过50 000 gal/d的用户)安装针对工艺用水的独立水表,核算用水量,并将工艺用水作为生产的原材料以及用于卫生用途。

(3)制定并实施节水策略,应对需求管理、检漏和维修、预防性维护计划、员工教育计划等方面问题。

(4)在新建和翻新建筑物中,遵守管道规范,使用最佳可行节水技术,并在设施中尽可能地再利用经过处理的污水。

(5)践行良好的草坪和景观用水技术,达到第9章"户外用水"中所述标准。

(6)高尔夫球场和其他商业实体:

·制定季节性需求管理计划,计划由宣布干旱或当地地下水或河道流量水位触发;

---

❶参见314 CMR 20.00。再生水许可计划和标准。

· 用水量 100% 计量；

· 制定检查和维护程序，其中包括检漏、维修和计量；

· 尽可能重复利用污水和雨水进行灌溉。

7.2　建议

（1）能源与环境事务部技术援助办公室应继续为公司和大用水户提供信息和技术援助，并与行业协会和供水公司合作。

（2）大用水户应力求尽可能将其平均用水量减少 10%。投资将以较低的水费、污水处理费和能源账单的形式得到回报。

（3）所有工业、商业和机构设施用户均应安装/改造节水卫生设备，包括但不限于低流量淋浴喷头、水龙头起泡器、马桶排水装置以及低冲量或高效节水马桶和小便池。可在 WaterSense 计划的网站 www.epa.gov/watersense/上找到针对高水效产品的指南。

（4）工业用户与商业用户应与管道规范官员、标准委员会、州政府计划、制造商和立法者合作，推动节水和高效用水。

（5）增加物业透水面积。工业、商业和机构设施通常包含大面积的不透水表面（建筑物屋顶、停车场等），为通过以下方式实现节水提供了绝佳机会：更换为透水材料，安装绿色屋顶，停车场采用多孔铺装和生态贮渗区，以及雨水集蓄。雨水集蓄可以作为补充水源，并且清洁径流可以渗入地下，补充含水层和河川径流。

（6）有关草坪和景观的建议，请参阅第 9 章。

8.0　农业用水

本章主要针对：

· 农业和园艺实体

· 州政策和监管实体

商业性农业高度依赖水资源，并且在经济上对水资源可利用量和水质非常敏感。水对于农业经营的成功和维持至关重要，保护和维护水资源符合农业经营者的最大利益。在马萨诸塞州，农业用水户往往需要自助供水，对水的需求广泛。水被用于：i）灌溉作物和苗木；ii）收获作物（蔓越莓）；iii）作为水产养殖介质；iv）商品清洗和加工；v）作为牲畜的饮用水源；vi）动物清洁和降温。

农业用水需求因企业类型和季节而异。不同地点的需水量有所不同，具体取决于企业，并受到诸多因素的影响，其中包括气候和天气、动物数量和种类、土壤持水能力和渗透率、作物需求等。

任何农业节水方法都应在农业用水需求和节水需求之间达到恰当平衡。节水方法的示例包括适时（按日及季节）适量的灌溉制度；径流控制；均匀施水；灌溉技术，如滴灌（适宜条件下）和自动灌溉系统；在蔓越莓生产过程中使用尾水回收系统。

本章中的标准和建议体现了鼓励种植者采用的一般农业节水方法。随着新技术的发展和水效的提高，农业节水实践频繁改变。马萨诸塞州大学拥有针对各个具体行业的最佳管理实践，其中包括最为广泛接受的可用节水技术和实践。农业实体应采用在环境和经济上适合其特定经营和现场条件的实践方法。

8.1 标准

(1)有计划地高效用水,适时适量满足作物需求,避免过多水分流失。过度灌溉会损害作物并增加径流量,冲刷土壤中的养分和矿物质,长此以往便会破坏土壤。根据作物需求制定灌溉制度。

(2)在适用情况下,开发土壤健康管理系统,改善土壤健康和功能。土壤是一种生态系统,可以为植物生长提供所需养分,吸收并蓄存雨水以供天气干燥时使用,过滤和缓冲可能从土地中释放的潜在污染物,为农业活动奠定坚实基础,并为土壤微生物提供栖息地,使其繁荣生长。

环境改善——农场改良

大约70%的蔓越莓种植者已参与节水计划,例如由美国农业部自然资源保护服务局负责管理的环境质量激励计划。仅在5年内,种植者便已实现价值高达1 250万美元的节水改进效益,而这主要是通过改善农场用水的方式。节水改进包括安装用于控制水流的水槽,安装水效更高的灌溉组件,修建水流环绕蔓越莓田的分水渠,修建蓄存蔓越莓田尾水回收池,并将蓄存的水用于灌溉。

另一个计划是由马萨诸塞州农业资源部运行的农业环境改善计划,为被选中并承诺进行匹配投资的农民提供高达25 000美元的项目费用报销金额,采用能够改善水质或节水的最佳管理实践。

自1999年以来,蔓越莓种植者已收到超过180万美元的资金来匹配他们的投资。这些项目有助于节水并保护对蔓越莓生长至关重要的水质。这些改进措施改善了该地区的自然环境,并为蔓越莓种植者提供了管理其农场的新工具。

摘自"放眼未来:马萨诸塞州的可持续蔓越莓种植"
——科德角蔓越莓种植者协会-2011

8.2 建议

(1)鼓励特定商品农业行业成员协会和种植者协会继续保持和推广特定行业最佳管理实践,最佳实践是动态的,不

断适应新技术,根据经济和环境因素进行筛选。

(2)在适用的情况下,根据自然资源保护局(NRCS)的指南制定、实施节水计划❶。该计划是农业经营节水实践的书面记录,一旦实施,将有助于实现保护环境和自然资源的目标。作为该计划的一部分,因地制宜按需求制定《灌溉水管理计划》。该计划中确定每个灌溉周期需要的水量,包括淋滤需求;如何识别和控制灌溉造成的侵蚀;如何确定是否均匀施水;确定如何以及何时进行系统维护,确保系统高效运行。

(3)如果需要补充灌溉,应在适当时采用诸如地下滴灌等微灌系统。

(4)如果采用喷灌系统,则应均匀施水,且尽量减小蒸发损失和地表径流。施洒的水量应足以覆盖有效作物根区。为最大限度减少蒸发,应避免在炎热或刮风情况下或日高峰时进行灌溉。

(5)每年应在生长季节前对灌溉系统效率进行评估。

(6)种植者应根据作物需求保持适当的土壤湿度,提供最佳植物生长环境,同时避免过多水分流失、土壤侵蚀或水质下降。

(7)应向土壤中添加有机物(例如粪肥或堆肥),增强土壤持水能力并改善土壤结构,使雨水浸入地面,进而减少灌溉需求并减少径流。每增加1%的有机物含量,每英亩一英

---

❶请联系当地 NRCS 办公室 www. nrcs. usda. gov/wps/portal/nrcs/main/national/contact/local/。

尺深土壤可增加蓄存 16 500 gal 植物可利用水量❶。

(8)生产土壤应全年覆盖,生长季节是可收获作物,非生长季节是遮盖作物和/或植物残体。遮盖作物比行间作物的持水能力更强,能够打开土壤中的孔隙和通道,使水分渗进土壤;而且产生的有机物也有助于保持水分和营养。

智能浇灌准则

保持健康土壤。

健康的土壤可以持水,循环养分,最小化径流并吸收污染物。为了保证草皮的健康生长,至少需要保证 6 in 的土壤深度。

选择本地植物或需水量较小的植物和草皮。

经确认,适应马萨诸塞州气候的本地植物除正常降水外基本不需浇水。

按需水量归类种植。

根据各分区具体需求进行针对性灌溉,可以减少用水量。

扩大草皮面积时要谨慎选择。

在传统的景观美化中,草皮用草的灌溉比例最高。仅在能够发挥实用功效的地方种植草坪用草。

合理浇灌。

避免在一天中炎热时分(上午 9:00 至下午 5:00)浇灌。如果采用灌溉系统,要定期调整以确保水效。

利用覆盖物。

在灌木和园林植物周围利用覆盖物,有助于减少蒸发,抑制杂草生长,调节土壤温度并防止侵蚀。

合理养护。

在草皮用草高度达到 2~3 in 后再进行修剪。将修剪后的草屑留在草坪上,使养分回归土壤。在休眠季节进行修剪。

改编自《始于 WaterSense 景观智能浇灌》(EPA WaterSense)和《景观智慧浇灌与施水指南》(摘自《智慧用水》)。

---

❶Scott, H. D.、L. S. Wood 和 W. M. Miley,1986,耕作实践对土壤持水能力和土壤水分运移的长期影响,阿肯色水资源研究中心,出版物编号 125. 39 第 24 页。

9.0　户外用水

本章针对所有用水者。

马萨诸塞州政策规定,用于维护景观和草坪的水不应以损害公共健康、安全或环境为代价。应通过实施合理的节水和水效措施,尽量减少用于维护景观和草坪的用水量。

导致户外用水水效低下的原因包括:施水量多于维持草皮和植物健康所需的水量,以及在一天之中蒸发率最高时灌溉。除浪费水外,低效的灌溉习惯还会导致营养物质流失和污染物迁移,从而加剧水质问题。

用水需求激增可能导致供水问题以及潜在的水质、水压或公共安全问题,例如削弱消防能力。夏季用水高峰也会影响河道和湿地中的水量,可能给当地环境以及依赖其生存的野生动植物施加压力❶。高峰需求过大也可能迫使水系统管理者寻找新水源或扩展水系统容量,从而造成潜在的环境影响并给水系统用户带来更高成本。

本节中的标准和建议为所有用水者提供了相关实践指南,旨在在草坪、景观和其他户外用水中减少浪费并提高水效。

9.1　标准

所有用水者:

(1)遵循确立的智能浇灌准则,最大限度地减少草坪或景观用水(参见边注栏)。在大多数年份,马萨诸塞州天然降水量足以满足健康、成熟的草坪或景观用水需求,草坪或景

───────────

❶Barlow, P. M. 和 Leake, S. A., 2012,"水井取水导致河道流量枯竭——了解和管理地下水开采对河道流量的影响":《美国地质调查局通告》1376,第 84 页(可访问:http://pubs. usgs. gov/circ/1376/查看)。

观为耐旱设计,无须补充灌溉。

（2）最大限度地提高灌溉效率。如果当地条件要求使用灌溉系统,需采用最佳管理实践（参阅附录Ⅰ）和最佳可行技术,并定期对系统进行评估,确保最高用水效率❶。如果采用手动喷头或手持设备,需遵循最佳管理实践,最大限度地提高水效（参阅附录Ⅰ）。

（3）在干旱或干燥周期延长情况下,所有用户都应遵守马萨诸塞州干旱期间限制非必要❷户外用水指南（参阅附录J或最新版《马萨诸塞州干旱管理计划》中的指南）。请注意,草皮在干季可能进入休眠状态（转为褐色）,但随着湿润条件回归,会再次返青（见图9-1）。❸

市政府和水区:

通过并实施用水限制地方法规、法令或条例,其不但适用于市政水用户,而且如果可能的话,适用于私人水井用户。应限制每周浇灌天数以及每天灌溉时间。为保护公共健康和环境,地方法规、法令或条例应规定一系列针对非必要户外

---

❶马萨诸塞州的法律要求新装或翻新改造灌溉系统中带有系统中断装置,并每三年由经认证的灌溉承包商对其进行检查（MGL第21章第67条）。有关最佳可用技术,参阅《智能水应用技术（SWAT）》,包括 EPA WaterSense 标识灌溉产品（可访问 https://www.epa.gov/watersense/watersense-products 查看）。

❷马萨诸塞州环保局对必要用水的定义为:a）出于健康或安全原因;b）根据法规要求;c）用于食品和纤维生产;d）用于牲畜养护;e）出于满足企业核心功能的目的。非必要用水是除必要用水外的其他用水。用于农业活动的水（定义见 MGL第128章第1A条）被视为必要用水。但是,如果取水量超过特定阈值,则仍需获取根据《水管理法案》颁发的许可。农业活动应与马萨诸塞州环保局确认许可要求。

❸加强草皮管理,减少浇灌,提高水效,掌控干旱休眠,详见《草坪和景观草皮最佳管理实践》第6节（可从 UMass 草皮扩展计划中获取相关信息,网址为 https://ag.umass.edu/turf/publications-resources/best-management-practices）。

（a）7月进入旱期休眠状态的草皮　　（b）10月恢复生机的同一片草皮

图 9-1　草皮休眠、反青图（照片提供者 P. Lauenstein，马萨诸塞州）

用水的严格性递增的限制条件，而相关的触发条件则基于社区的具体供水情况。触发条件可以基于日历时间（例如 5 月 1 日至 9 月 30 日），也可订立供水和环境指标（例如河道流量或水库水位）。同时，应纳入严格性递增的干旱触发条件，具体取决于干旱的严重性。在马萨诸塞州宣布进入干旱状态后，必须遵循州政府发布的浇灌限制指南。地方法规、法令或条例应授权社区政府或指定机构（例如供水公司、警察局）执行强制性用水限制，并赋权当局机构通过逐级严格的引用和处罚开展执法行动，最高处罚可能为切断供水。限制用水的地方法规/法令范例以及样本地方法规/法令的链接，参阅附录 B。

9.2　建议

本节的建议汇总了户外高效用水最佳管理实践。后面的附录提供了更多详情和资源，作为本节建议的补充：

附录 H 汇总结了针对草坪和景观的建议。

附录 I 概述了针对浇灌和灌溉系统效率的最佳管理实践。

所有用水者：

（1）在规划景观时应了解许多社区将非必需户外用水限制为每周一至两天，而且在干旱条件下有可能禁止户外用水。

（2）在停用时遮盖游泳池，防止蒸发损失❶。

（3）使用扫帚清扫车道、人行道、露台和其他户外区域，而非用水冲洗。如果需要用水，请使用节水加压清洁设备。❷

（4）使用水桶和海绵清洗车辆，使用带有截流式喷嘴的软管且仅用于冲洗，或者，如有可能，送去利用循环水的商业洗车（大部分商业洗车利用循环水）。

（5）未经当地环保委员会或马萨诸塞州环保局批准，不得直接从任何水源（包括池塘、湖泊、溪流、河流或地下水）引水。

市政府和供水公司：

（6）批准通过包含以下部分或全部条款的地方法规/法令❸、政策或条例：

解决灌溉系统水效问题

○要求对自动灌溉系统进行登记、检查和审核；

○要求自动灌溉系统的设计、安装和审核工作必须由该

---

❶参阅《用水和节水手册》（Amy Vickers，2001，阿默斯特，马萨诸塞州：WaterPlow出版社）第 4.6.1 节中的"游泳池节水措施"。

❷节水加压清洁设备指满足以下两项标准之一的设备：（a）出水压力至少每平方英寸（psi）1 000 磅；（b）额定用水量低于 3 gal/min。

❸参见附录 B,《马萨诸塞州环保局典型室外用水限制的地方法规/法令》。

领域拥有恰当资格认证的专业人员进行。有关自动灌溉系统的设计、安装和审核指南,参阅国家认可的认证程序,例如带 WaterSense 标签的认证程序❶。

○禁止灌溉系统在未种植植物地面(如人行道和车道)的喷洒作业和/或形成明显径流的作业,或在降水时或雨后作业,否则处以罚款;

○要求在自动灌溉系统上安装节水设备,包括系统中断设备❷;

○在水资源有限的地方,可以选择禁止安装自动灌溉系统。

通过土地利用规划最大限度减少用水量❸

○尽量减少在降水之外需要进行补充灌溉的景观面积❹;

○限制土地清理和损坏植被覆盖,保护天然植被;

○禁止表土剥离和清除泥土,并要求所有空地的表土深度至少为 6 in❺,以保持水分;

○限制改变地形的活动,要求在最大可行程度上保持自

---

❶针对灌溉专业人员的 WaterSense 认证计划可访问 https://www.epa.gov/watersense/irrigation-pro。

❷马萨诸塞州法律要求新系统或翻新改造的系统需安装系统中断装置(MGL 第21章,第67条)。

❸参阅附录 B 中包含这些规定的地方法规/法令和条例的链接。

❹EPA 的 WaterSense 水平衡工具可用于指导景观设计和计算针对特定气候条件下景观的高效水量分配。参阅该工具网页上的资源:http://www.epa.gov/watersense/water_budget/。

❺通常建议草皮草和景观使用有机质含量为5%的沙壤土。更多小贴士参阅附录H。

然地形；

○保护或恢复场地的自然水文特点(通过采用低影响开发和开放空间设计等技术)；

○要求采用低耗水/耐旱植物、草皮和景观美化技术；

○鼓励或要求采用适合现场的本地非入侵，根据对当地气候的适应能力进行选择❶。

解决地表水水源保护问题：

○要求在取水前必须获得环境保护委员会的书面批准，对地表水源取水进行管控。此类地方法规/法令有助于控制未经授权直接从当地水道取水，未经许可或未付费取水，有时污染取水水体等方面问题。

(7)保存自动灌溉系统清单。有助于防止以及更好地应对由于系统安装不当而导致的回流问题或性能问题，例如过量径流。清单还有助于识别灌溉审核或高效利用系统培训的受益用户。

(8)为住宅、工业、商业和公共物业等大用水户提供户外用水审计❷。

(9)通过关于户外用水的教育和外展活动提高公众意识，例如在市政物业(包括学校、休闲场地、运动场等)上进行的以智慧用水景观和高效灌溉实践示范为主的活动。通过水费账单或其他方式告知用户有义务遵守建议 6 中所述地

❶能源与环境事务部《不仅仅是庭院：马萨诸塞州房主的生态景观美化工具》(2004 年)附录 1 中列有本地植物清单。可访问 http://www.mass.gov/eea/docs/eea/wrc/morethanjustyard.pdf 获取。

❷有关灌溉审计的指南和针对灌溉系统水效的最佳管理方法，请参阅附录Ⅰ。

方法规/法令之规定。

（10）计算夏季与冬季的用水量之比，以此作为评估社区户外用水的基准。采用以下公式：

5~9 月（夏季）总用水量/ 11 月至次年 3 月（冬季）总用水量

跟踪趋势；如果比率趋于上升，确定原因并采取适当措施减少夏季用水。

休闲场地、公园、高尔夫球场、机构和商业景观管理者

（11）考虑采用 WaterSense 水平衡方法或类似工具设计高效节水景观区。❶

（12）如果出于维持草皮健康和功能目的需要进行灌溉，需遵循附录 I 中所述的最佳管理实践，尽量减少用水。

（13）在水资源有限地区或用户希望取消户外饮用水，首先对景观进行设计，利用天然降雨满足浇灌需求。如果降水无法满足浇灌需求，则在可行情况下考虑其他水源（例如收集雨水或处理污水）❷。

（14）在采购草坪和景观维护服务时，确保采购招标文件和评标标准中要求相应的草坪和景观设计、灌溉设计、维护和施工准则含有尽量减少户外用水的内容❸。

公共物业管理者：

---

❶参阅注释 49 中"水平衡工具"链接。

❷参阅 https://www.epa.gov/watersense/best-management-practices 中商业建筑最佳管理实践页面上的"替代水源"选项卡。

❸在 https://www.epa.gov/watersense/outdoors 中的"户外"页面上可找到跳转至美国国家环境保护局 WaterSense 技术规范、水平衡工具以及有关景观设计和灌溉系统设计的其他资源的链接。

（15）利用公共物业展示智慧用水景观建设和管理,并展示采用本地和耐旱植被减少户外浇灌。在开展这些工作的同时,开展公众宣传教育和外展活动并竖立广告宣传牌。

（16）如果在公共物业上进行灌溉作业,需展示高效节水灌溉实践(例如滴灌)的优势。

10.0 公共教育和外展

本章主要针对:

- ·供水公司
- ·市政机构、委员会和部门
- ·市政设施和公共工程工作人员
- ·州级政策和监管实体

确保与社区作为共同体承担未来可持续水务发展责任。每个人都应发挥自己的作用,务使负责任地处理并规划所有水资源(雨水、雨洪、公共供水等)。

针对普通公众、市政官员和供水公司的教育活动对于增进其对相关问题的了解,开展节水活动和提高对节水活动的接受度非常关键。主要是向公众灌输健全的水资源管理和规划的基本知识,阐明相关的经济和环境效益。

公共教育和外展活动可以促进节水措施的成功采纳和实施。例如,如果在发布户外灌溉限制措施之前开展相关外展活动,从维护系统稳定性,避免或推迟成本高昂的系统扩展需求以及保护水生生境等方面向公众清晰传达这些限制措施的必要性,公众也将更容易接受和遵守这些限制措施。

外展资源：与 WaterSense 携手合作

你是否在寻找协助你开展节水外展活动的工具？

考虑与 EPA 的 WaterSense 计划签订合作伙伴关系，担任其推广合作伙伴（免费），这是一个旨在提高水效的自愿合作伙伴关系和标识计划。

作为 WaterSense 合作伙伴，您将可以使用现成的宣传材料，包括：

水费单附页

网页工具

社交媒体帖子模板

照片和图像

宣传册和情况说明书

以及其他更多材料……

更多详情请访问：

https：//www. epa. gov/watersense

教育计划可能重点关注的领域包括：

· 强调减少用水需求和维持水文平衡（流经河流系统和周边景观的天然水量）——也称"就地保水"——的环境效益。教育活动的重点内容包括地下水与地表水之间的联系；取水量对河川径流和河道内用水的潜在影响，例如作为渔业和其他野生动物的栖息地，水上娱乐，污染稀释；沿海地区抽水与咸水入侵的关系。

· 阐明节水有助于保护水质。如果抽水过多，地下水和地表水都会面临水质恶化问题。节水还有助于化粪池系统和污水处理厂更好地运行并延长其寿命。节水还可以将更多水保留在自然环境中，有助于稀释病原体和其他污染物，同时对水域过热或冻结起到缓冲作用,从而避免对水生生物造成伤害。

· 展示与开发和处理新供水源以及扩建污水处理设施的成本相比,投资于高效和节水措施将为用水者带来长远的资金节省效益。家用卫生洁具改造计划可以为传达这一信息提供一个很好的机会。

· 告知用水者与供水有关的所有成本,包括规划、工程设计、建设施工、水源保护、运行、维护、处理、污水处理设施费用、配水、计量、检漏、税费、人事费用、公众宣传等各项成本。

· 在用水和能源成本之间建立联系。对于供水公司而言,抽水、处理和配水以及收集污水都需要大量能源支持❶。同时实施能效和水效改进可以降低运营成本,从而有机会将资金用于水系统的其他必要改进。减少家庭用水量也可以减少能耗,降低相关的热水和用水设备运行成本。

10.1 标准

(1)每个社区和供水公司均应制定实施教育计划,根据适用情况,包括以下要素:

· 计费:通过水费账单协助用户追踪、比较其用水量,并有效利用用水量信息(有关计费的具体建议,参阅第 3 章和第 4 章)。目前有专门的计费软件,可以协助追踪单个用户的用水量,甚至能够为可能存在泄漏或与类似用户相比用水量过高的用户提供针对性宣传。

---

❶参阅美国国家环境保护局,2008:确保可持续未来:污水和供水事业能源管理指南。可点击以下链接查看 https://nepis. epa. gov/Exe/ZyPDF. cgi/P1003Y1G. PDF? Dockey＝P1003Y1G. PDF。

·室内改造/返利计划:提供室内低流量改造设备或为高效节水电器提供返利向用户宣讲节水的财务效益和环境效益。

·草坪和景观计划:通过样板景观、研讨会、在线信息以及与当地花园俱乐部、草坪和景观零售商、环境组织建立合作伙伴关系,提供有关"智慧用水景观美化"、园艺、高效灌溉、草坪养护实践等方面信息。

·当地学校:与教师和学校管理人员合作,开发适合各个年龄段的关于当地水系统和节水重要性的课程,将这些信息传递回家,将其融入社区实践。

·多元外展工具:采用社交媒体、在线工具、公共服务公告、本地活动等,传达节水信息和警报,并根据需要整合多语言资料。

·合作伙伴关系:与花园俱乐部、农贸市场、环境组织、能源公用事业公司以及其他组织合作,开展促进智慧用水的运动。

(2)在一些社区,部分家庭或企业依靠私人水井供水,在适当情况下,帮助这些用户了解其取水对公共供水系统和当地水生生境造成的影响,以及通过自身努力进行节水的重要性。

10.2 建议

(1)社区/供水公司应雇佣或聘用一位服务于多个水系统的节水协调员或巡回检查员,并与当地节水倡导组织或教育组织合作,推进节水目标。

(2)供水公司和州政府应考虑利用社会营销协助获取公众对节水的支持。社会营销是一种有价值的营销技巧,重点关注在改变行为方面最有效的方法,引导人们采用实施可持续实践❶。

（3）其他城镇委员会应参与节水活动,尤其是规范土地利用（规划和区划委员会）,管理城镇物业（公园和娱乐管理部门、公墓管理部门、学校）,保护水资源和水生生境（环保委员会、卫生委员会）的部门,以及开放空间委员会和社区保护委员会。这些实体可以通过增强清洁水向地下的渗透,补充含水层和河道流量,进而促进节水并恢复水文平衡。

---

❶通过基于社区的社会营销促进可持续行为 http://www.cbsm.com。"基于社区的社会营销在很大程度上将利用社会心理学的研究,而这些研究表明,促进行为改变的举措在社区层面执行并涉及与人的直接联系时最为有效。"

附录 9 《得克萨斯州建筑物和高等教育机构设施节水设计标准》❶（2016 年）

生效日期:2016 年 6 月 1 日

发布日期:2016 年 4 月

背景

2001 年,第 77 届得克萨斯州(简称得州)立法会指示得州能源保护办公室(SECO)为州出资筹建的建筑制定一套节水标准(《得州政府法规》第 447.004 节)。2002 年,在得州水发展理事会和奥斯汀市节水办公室的帮助下,得州能源保护办公室制定了《得州水指南》。2011 年,得州能源保护办公室对该指南进行了修订,并重新命名为《得州水 C 标准》。这是对这些标准进行的第二次修订。

根据《得州行政法规》第 19.33 节,州新建设施和重大改造项目应遵循本标准。在以下情况下也应考虑本标准:购买新设备,对现有系统进行改造,或设备购买价格超过原始购买价格的一半;升级可以正常使用但已接近其使用年限的现有设备。在审查用水和使用本标准时,应采用系统的方法。

---

❶译自《Water Conservation Design Standards for State Building and Institutions of Higher Education Facility》。

本标准的最终目标是，平衡水、废水、能源和相关成本，以便在购买新设备、更换旧设备或对现有设备进行改造时，实现最低的生命周期成本。

引言

得州的许多社区都在节水和提高用水效率方面进行了投资。这些投资帮助减少了人均需水量，并提高了供水系统的效率。为了创造经济效益、公共健康和环境效益，进一步提高用水效率仍然蕴藏着巨大的潜力。

得州的经济与其自然资源直接相关。水是一种受降水和发展影响的重要自然资源。每年季节性降水量变化很大。发展和天气则会严重损耗供水量。

节约用水和提高用水效率对于确保得州的长期经济健康至关重要。随着需水量的增加，这也变得越来越重要。

节水标准的目的

本节水设计标准设定了节水和用水效率目标。本标准还提供了有效的节水措施指南，以实现《得州政府法规》第447.004节中确定的州目标。

节水是指采用一种或综合采用多种策略减少水源地取水量，减少水损耗或浪费，维持或提高用水效率，增加水的循环和再利用，防止水污染。在本文件中，"节水"和"提高用水效率"这两个词可以互换使用。

本标准重点关注节水最佳管理实践（BMP）。节水最佳管理实践是指，直接或间接节约一定用水量，且可在特定时间内实施的节水措施。本标准包含可实现、可实施和实用的

节水措施,州机构和高等教育机构应将其用于建筑规划、建造和改造过程。

节水标准的实施

所有新建建筑和重大改造活动均应遵守本节水设计标准。所有影响得州水资源规划和管理的项目均应考虑本标准。本文件中概述的标准和建议反映了提高用水效率相关的最新技术和操作知识。

概述

本标准的目标如下:

(1)对所有州内新建建筑物实施节水措施,准确地计算用水量,并向公众展示节水技术和理念。

(2)将节水措施纳入州建筑物的各个方面,包括:重大改造项目;购买新的相关设备以替换现有设备;对现有系统进行改造;升级现有设备。

(3)最大限度地提高公共供水系统的效率。

(4)增强公众对节水长期经济和环境效益的认识。

1.0 灌溉与景观设计

灌溉标准

(1)自动灌溉系统应遵守得州环境质量委员会的《水法规》、《得州占用法规》第12条第1903节、《得州行政法规》第30条第344节及所有本地要求。

(2)2 500平方英尺或以上的景观灌溉系统应单独计量(请参见8.0节"计量")。

(3)如果可能,灌溉应采用滴灌、微灌、低拱、多流旋转或其他节水灌溉技术。

(4)回路遥控阀应配备可调节的流量控制阀。

(5)自动灌溉系统应配备暂停系统运行的流量计,以防止因组件损坏或发生故障而意外浪费水。

(6)自动灌溉系统应配备能够进行双重或多重编程的控制器。控制器应具备多重循环启动能力和灵活的日历编程,包括按星期几或昼夜间隔浇水的能力。必须进行经济可行性研究,以评估是否应安装经过美国环保署"水效标识"认证的基于天气的灌溉控制器。

(7)自动灌溉系统应配备土壤湿度传感器以及雨水和霜冻传感器关闭装置。

(8)如果供水静压超过厂家建议的工作范围,则应使用压力调节装置。该组件应安装在控制阀上。

(9)如果高程差可能导致铺砌区附近的低水头排水,则应使用耐用的止回阀。

(10)洒水喷头的间距应设计成头对头覆盖,或者应按照厂家的建议部署喷头间距,并根据风向进行调整。系统设计应确保最小径流量和至少65%的分配均匀度。

(11)不得将洒水喷头布置在路边、园道或宽度不足 6 ft 的种植区域上。

(12)应进行经济可行性研究,以评估是否应寻找替代的非饮用水源特定场址。

(13)应采用适当的标识,指明灌溉系统使用的是非饮用水。

景观设计标准

(1)为了最大限度地保持水分,所有项目设计应包括适合该地理区域的土壤分析和规范。经过分析和修正的所有景观种植选择必须适应土壤。

（2）可接受的表土应该没有杂草和直径大于 1 in 的石头，且至少包含 30% 的有机物。黏土类土壤最多可添加 20% 的净砂。

（3）草坪和种植床区域的表土深度至少应达到得州生态农业推广服务局的推荐值。

（4）灌溉草坪不得超过绿化面积的 50%。专用田径场地、高尔夫球场和练习场除外。

（5）草坪用草的选择应取决于设施需求、地理和气候条件以及仅正常降水条件下的存活能力。

（6）非草皮种植区的覆盖层至少应达到 2 in 或以上，并覆盖土表，以最大程度减少土壤水分蒸发。为了尽量减少用水量，强烈建议秋季部署景观，冬季和春季也可以，但不建议夏季部署。

（7）应考虑种植得州生态农业推广服务局推荐的植物。

（8）需水量相似的植物应归为一类，并根据用途、土壤条件、日照和遮阴条件、对地理和气候条件的适应能力，以及在正常降水或最少灌溉条件下的存活能力进行选择。

（9）鼓励保存本地植物。这些植物包括但不限于：

a. 受到威胁或濒危植物；

b. 标本植物或特定物种的特殊范例；

c. 容易在迁徙过程中存活下来并用于新的或现有景观的植物。

（10）景观设计应与地表径流设计相协调，以确保通过使用地表径流最佳管理实践（例如，截水沟、洼地、阶地、雨水花园和适当的景观轮廓）最大限度地留住水量。

2.0 采暖、通风与空调

采暖、通风和空调标准

(1)如《得州政府法规》第447.004节所述,符合公共健康、安全和经济资源要求的最新和最具成本效益的技术允许的最大节能量和节水量应遵循性能和程序标准。

(2)所有采暖、通风和冷却设备均禁止直流冷却。

(3)应进行经济可行性研究,以评估冷凝水的集蓄和输送是否可通过重力排水或泵抽完成,是否需要在回用之前处理冷凝排水及任何其他成本影响。

(4)尽可能使用闭环水冷设备,开式冷却塔除外。

(5)应进行经济可行性研究,以评估是否应安装混合塔或地热(接地线圈)热泵机组,使用除湿系统进行HVAC除湿的热电联产系统,以及使用风冷变频调节制冷剂量系统。

(6)在分析干式冷却与湿式冷却的成本效益时,应考虑使用冷却塔的所有附加费用,包括:

a.泵抽冷冻水和冷却塔回路中的水所需的能源成本;

b.水和废水成本;

c.冷却塔水处理成本;

d.操作冷却塔的人工成本;

e.未来30年的用水、废水和电力成本预测;

f.与干式冷却相比,冷却塔相关的资产置换成本;

g.总溶解性固体含量高的排放物对环境的影响,包括预处理和最大日负荷总量(TMDL)的影响;

h.使用许多较小的风冷或地冷系统带来的冗余系统效益。

冷却塔标准

(1)对于总硬度小于 11 gr/gal❶(以碳酸钙计)的空调冷却塔补给水,冷却塔的浓缩倍数不应小于 5。

(2)对于总硬度大于或等于 11 gr/gal(以碳酸钙计)的空调冷却塔补给水,冷却塔的浓缩倍数不应小于 3.5。排放电导率范围不小于 7~9 gr/gal(以二氧化硅计)的空调冷却塔补给水除外。

(3)冷却塔应安装电导率控制器、溢流传感器、补给水表和排污水表,以管理补给水。对于 100 t 或以上的冷却塔,补给水表、溢流表和溢流警报器应连接建筑的中央能源管理系统或水电监测仪表板。

(4)为冷却塔配备漂移消除器,最大限度地减少水损耗。冷却塔应配备高效漂移消除器,以使逆流式和横流式冷却塔的飘水率分别达到循环水量的 0.002% 和 0.005%。

蒸汽锅炉标准

(1)除非蒸汽加热系统在经济上可行,否则应使用设施热水系统。

(2)蒸汽锅炉应配备电导率控制器以控制排污水。

(3)所有蒸汽锅炉均应安装蒸汽冷凝水回流系统。

(4)蒸汽锅炉应安装排污水热交换器,以为给水供热。如果热回收可用于加热锅炉补给水或用于其他目的,则每小时锅炉排污水超过 15 psi 和 340 万 BTU❷(100 HP)的蒸汽锅炉应安装热回收系统,在不使用回火水的情况下,将锅炉排污水温度降低到 140 °F 以下。

---

❶gr/gal 指格令/加仑,其中 1 格令 = 0.0606 克,1 格令/加仑相当于 0.0171 g/L。
❷BTU 是英国热量单位,1 BTU 约等于 0.293 瓦特时。

3.0　制冷与水处理

制冷标准

(1)禁止使用生活用水直流冷却设备。

(2)水冷制冷系统应采用再循环系统。

(3)所有制冰机应符合美国环保署"能效之星"认证标准。

水处理标准

(1)软水器应配备按需求启动的再生控制系统。如果使用水软化,则应根据需要软化的水的硬度,通过实际硬度或流量控制来控制再生过程。禁止采用使用计时器的补给用软化器。

(2)在废水水质允许的情况下,中央反渗透或纳滤系统应将废水回用于景观灌溉或其他有益用途。(有益用途包括但不限于:其他工艺用途、冷却塔补给、马桶或小便池冲洗、车辆冲洗、洗衣和观赏喷泉补给)。

(3)中央反渗透系统的回收率至少应达到75%。

(4)中央蒸馏系统应回收85%的给水。

(5)居住用房安装的使用点反渗透水处理系统应配备自动切断阀,以防止不要求生产中水时的排放。反渗透水处理系统应达到 NSF/ANSI 标准 58。

4.0　雨水集蓄、再生水、循环水和中水回用

(1)雨水集蓄、循环水和中水回用系统应遵守《得州政府法规》第 447.004 节和《得州环境质量委员会规则》第 210 章—再生水的使用 C 章所述的有关公共安全和健康的所有州和地方法律。

(2)经过处理的灰水和现场替代再生水系统技术,包括

雨水集蓄、冷凝水收集或冷却塔排污水,或两者结合,用于非饮用水室内和室外用途,应纳入屋顶面积至少达到 10 000 ft² 的所有新建建筑的设计和建造过程。现场替代水源是指雨水、空调冷凝水、地基排水、地表径流、冷却塔排污水、泳池回洗水和排水、反渗透废水或得州环境质量委员会(TCEQ)认为适当的任何其他水源。

(3)其他现场替代水源可能包括但不限于雨水、雨水池、反渗透和纳滤废水、地基排水、泳池回洗水、为保持水质而排放的水池水、灰水、废水处理污水和不会回流到锅炉的蒸汽冷凝水。

(4)向得州能源保护局提供相关分析文件,以确定将相关技术纳入设计标准是否在经济上不可行。这应适用于可用的现场替代水源。

雨水集蓄标准

(1)连接公共供水系统且包含雨水集蓄系统用于室内用途的结构,应遵守《得州行政法规》第 30 条第 290(d) 节及所有地方要求。

(2)应进行经济可行性研究,以评估雨水的集蓄和输送是否可通过重力排水或抽运完成,是否需要在回用之前处理雨水及任何其他成本影响。

(3)应分析每月降雨率和预期的径流捕获量,确定集水区以及度过预期最长的无雨水间隔期所需的蓄水量。参考资料:得州水利发展部的《得州雨水集蓄手册》,第三版,第 4 章:水量平衡与确定蓄水量的系统建模,附录 B:平均降雨率的降雨数据。

(4)美国雨水集流系统协会和美国建筑给水排水工程师

学会的"雨水集流设计和安装标准"中提供了给水排水与雨水集蓄系统安装指南。

再生水、循环水和中水回用标准

（1）现场再生水、循环水和中水回用系统应按照《得州行政法规》第 30 条第 210 节进行设计、安装和实施，并应遵守所有地方要求。

（2）现场灰水回用系统应按照《得州行政法规》第 30 条第 285（h）节进行设计、安装和实施，并应遵守所有地方要求。

5.0　卫浴设备和水泵

卫浴设备标准

（1）所有卫浴设备、马桶、小便池、水龙头和淋浴喷头均应遵守得州环境质量委员会的州给水排水标准，以及美国环保局的"水能效之星"性能标准（如适用）。

（2）带有冲洗阀的抽水马桶或水箱式马桶的流量不应超过 1.28 gpf。经过最新"最大性能测试"认证的所有马桶设备的额定值应为 1 000 g 或 1.28 gpf。

（3）冲洗小便池的流量不应超过 0.5 gpf。

（4）公共厕所的水龙头应安装流量不超过 0.5 gal/min，压力大于 25 psi 的曝气机。公共厕所的盥洗盆水龙头应为自关式，或配备自动切断装置。

（5）非医用淋浴喷头，例如，宿舍、更衣室等使用的淋浴喷头的流量不应超过 2.0 gal/min。

（6）所有饮水机均应配备自动切断阀。

（7）所有可能受冰冻条件影响的水管均应安装适当的防冻装置。

(8)应根据用水和能源效率及功能选择除上述以外的特殊卫浴设备。

(9)应在每个洗手间、更衣室、厨房、洗衣房、泳池和其他高用水区域放置标牌,要求及时向有关建筑管理部门报告泄漏和其他给水排水问题。标牌上应注明报告此类问题的电话号码。

(10)根据适用的建筑给水排水规范和/或条例,非饮用水可用于新建建筑内的冲洗活动。

水泵标准

(1)水泵应配备机械密封,除非满足《国际建筑给水排水规范》要求的规范禁止。

6.0 洗衣房

洗衣房标准

(1)商用级和家用洗衣设备,包括投币式洗衣机或刷卡式洗衣机,应满足美国环保局的"能效之星"认证标准。

(2)应配备具有双排卸阀的洗衣机和 150 lb 或更大容量的设备,以便最终的漂洗水可回用于首次冲洗。

(3)应进行经济可行性研究,以评估使用臭氧和水回收系统是否可行。

(4)棉绒收集系统应使用干式或湿式系统,通过仅使用再生水或其他现场水源,最大限度地减少用水量。

(5)大型商业和工业隧道式清洗机不受特定法规的约束。厂家应利用最佳实践来确保用水效率最高的技术的可行性。

7.0 餐饮

餐具洗涤标准

(1)禁止使用填充式和倾倒式餐具洗涤设备。

（2）所有餐具洗涤设备均应满足美国环保局的"能效之星"认证标准。

（3）厨房预冲洗喷水阀应采用自关式，并遵守美国环保局"水能效之星"商用预冲洗喷水阀规范。

（4）浸水槽应配备限流器，流量不应超过 0.2 gal/min。

垃圾处置标准

（1）设施应考虑将堆肥作为处置餐厨垃圾的一种方法。

（2）安装了餐厨垃圾处理设备的设施应满足以下要求：

a.碎浆机和机械过滤器。碎浆机或机械过滤器的补给用水不应超过 2 gal/min。供水装置应安装限流器，以限制水流量。但是，水可以在碎浆机或过滤器系统内实现再循环。

b.餐厨垃圾处理器。在满载和空载条件下，餐厨垃圾粉碎机的用水量分别不应超过 8 gal/min 和 1 gal/min。供水装置应安装限流器，以将水流量限制在 8 gal/min 以内。应安装负载传感装置，以监测流量需求并调节水流量。

c.暂停和关闭系统。碎浆机、机械过滤器和餐厨垃圾处理器应配备带有重启按钮的暂停系统。允许的最大运行时间周期应为 10 min。

d.水槽排水口。安装的滤网或滤篮应易于拆卸。

e.滤篮。滤篮应安装在水槽隔板上或连接排水系统。滤篮应易于拆卸以清空垃圾。

蒸汽炉、蒸汽炉台和组合炉标准

（1）蒸汽炉应美国环保局的"能效之星"认证标准。无锅炉式蒸汽炉每个隔间的用水量不应超过 2.0 gal。所有锅炉式蒸汽炉每锅每小时的用水量不应超过 1.5 gal。

（2）组合炉在对流模式下不得使用水,除非对炉中的食物使用加湿喷嘴。在对流模式下,加湿喷嘴每个炉腔每小时的总用水量不得超过 0.5 gal。在蒸汽炉模式下,组合炉每锅每小时的用水量不应超过 1.5 gal。

8.0 计量

计量标准

（1）根据《得州政府法规》第 447.009 节,州机构和高等教育机构每年应向得州能源保护局报告用水量。

（2）所有拟用于日常占用或操作用水设备的建筑均应单独计量。

（3）应对以下各项使用单独的水表或子水表:

a. 生活用水供给、所有超过 100 t 的冷却塔、新建建筑内安装的蒸发冷却系统和流体冷却器;

b. 用水量超过 20%的设施用水总量,或不产生废水的一次性用水或设备;

c. 超过 50 000 ft² 的转租空间,或超过 500 gpd 的用水量,或商业洗衣房、清洗店、餐厅、餐饮、医疗诊所、牙科诊所、实验室、美容院或理发店占用的空间;

d. 使用超过 1 000 gpd 的建筑内洗车、水族馆或同等项目;

e. 室内和室外泳池以及带有补给供水管线的地下水疗浴场;

f. 闭环液体循环加热系统的补给水,超过 50 t 的冷冻水,或用于空间供暖的热水再循环系统（500 000 Btuh）;

g. 超过 500 000 Btuh 的热水锅炉补给冷水;

h. 每年使用 100 000 gal 以上或容量超过 500 000 Btuh

的蒸汽锅炉的补给冷水；

i. 每分钟气流量超过 30 000 ft^3 的蒸发冷却器补给水；

j. 平均用水量超过 1 000 gpd 的工业过程；

k. 每天使用 500 gal 以上饮用水的水产养殖和鱼类研究设施和系统；

l. 2 500 ft^2 或以上的景观灌溉系统；

m. 所有绿色屋顶系统或屋顶喷洒系统,无论采用何种水源。

9.0　车辆维修和清洗

车辆维修标准

(1)新设施应安装二级密封系统,以捕获储存液体和溶剂的溢出、泄漏和滴落。

(2)车间应密封。

(3)所有软管和用水设备均应安装自动切断阀和电磁阀。

(4)所有设施均应使用高压清洗机,而不是软管清洗机。

车辆清洗标准

(1)车载式和传送带式汽车和大型车辆清洗设施,应配备至少可回收和回用 50% 的再循环洗车用水的设备。

(2)废水应通过管道输送到水回收系统,用于预浸泡、底架和/或初次冲洗。

(3)传送带式和免下车式清洗机清洗每辆汽车、皮卡车和小型货车的补给用水量不应超过 15 gal,并应配备水再循环系统。

(4)传送带式和免下车式清洗机清洗每辆公交车和牵引

式挂车的用水量不应超过 40 gal。

（5）禁止使用软水器补给周期计时器。补给周期应由测量已处理水量或实际软化水水质的仪器控制。

（6）应使用去离子设备进行水软化，而不是进行反渗透处理。

（7）麂皮绞制水龙头应采用自关式，除非反渗透废水用于再循环系统车辆清洗。

（8）包括喷雾棒和发泡刷在内的车载式手持喷雾清洗设备的每分钟流量不应超过 3.0 gal，并应配备触发式切断阀。

（9）所有高压冲洗设备均应配备卸荷阀。

（10）所有高压冲洗设备均应配备泄水孔或其他装置，以允许排水和压力波动。

10.0　实验室设施

实验室设施（包括摄影和医疗器材）标准

（1）禁止将生活用水用于任何实验室（例如，电子显微镜或旋转蒸发仪）、医疗或摄影器材的直流冷却/工艺过程。

（2）实验室设备应使用自动控制阀，仅在实际使用设备的情况下才允许水流。

（3）如果适用，应使用干式罩洗涤器系统。如果必须使用湿式罩洗涤器系统，则系统应配备水再循环系统。

（4）高氯和通风橱冲洗系统应安装自动切断阀。

（5）排放冷凝水或热水的蒸汽灭菌器应安装防回火装置，将较冷的水与排污水混合，使进入到卫生废水排放口的排污水温不超过 140 °F。该排污水应遵守《国际建筑给水排水规范》第 8 章：第 803 节—间接/特殊废物。当蒸汽灭菌器排放的冷凝水或热水温度降至 140 °F 以下时,回火水源必须配备自动切断装置。

(6)蒸汽灭菌器应配备机械真空发生器,而不是需要用水的文丘里式真空发生器。

(7)灭菌器应安装再循环冷却系统,或应回收冷凝水用于其他现场用途。

(8)除非地方防火和安全法规禁止,否则应使用干式真空泵。其他例外包括:

a. 吸气器年使用时间不到 24 h 的教学实验室;

b. 烟雾具有腐蚀性,因此不能使用干式真空泵的微电子实验室等实验室。在这种情况下,系统应配备水再循环系统。

(9)反渗透或纳滤废水不应超过 60% 的给水,应用作洗涤器给水或用于其他现场有益用途。

(10)数字成像应用于新的射线照相、X 射线和图像处理。

(11)X 射线帧大于 6 in 的所有新胶片冲洗机均应使用胶片冲洗机水循环装置。

(12)移液器清洗机应使用具有可编程清洗/漂洗周期的自动式而非手动装置。

11.0 泳池、水疗浴场和特殊用水设施

泳池和水疗浴场标准

(1)泳池和水疗浴场应配备再循环过滤设备,并应使用分表计量补给水。

(2)水容量在 50 000 gal 或以下的泳池应使用筒式过滤

器系统或再生式涂层介质过滤器。滤筒应可重复使用。

（3）带有溅水槽的地下泳池应重新将水排入到泳池系统中。

（4）泳池和水疗浴场不用时应进行适当遮盖。

特殊用水设施标准

（1）新的观赏喷泉或其他新的观赏用水设施启动和补给用水，应由现场替代水源或生活再生水提供。如果建筑项目场地 500 ft 范围内没有现场替代水源或生活再生水，则允许容量不超过 10 000 gal 的特殊用水设施使用饮用水。

（2）新的观赏喷泉或其他新的观赏用水设施应配备水表和检漏装置，一旦发现每小时水泄漏量超过 1 gal，就将关闭相关的用水设施。

（3）新的观赏喷泉或其他新的观赏用水设施应安装再循环系统。